现代生活高压、快节奏、"内卷"盛行,"躺平"难,难"躺平"……这些加剧了我们本就不安分的内心的躁动,甚至还会给我们的身心带来消极影响,比如慢性疼痛、焦虑等。

正念减压疗法大师卡巴金为高压下的我们量身定制的正念,就是帮助我们慢下来、回归自己、找到自己节奏的秘方。

如果你想了解正念,本书非读不可。因为它不仅告诉你正念是什么——活在当下且保持开放,也会介绍正念将给你和你的生活带来多么惊人的变化。

[美] 乔恩·卡巴金 著 周玥 译
Jon Kabat-Zinn

一心只做一事

Mindfulness for Beginners

Reclaiming the Present Moment—
and Your Life

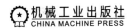
机械工业出版社
CHINA MACHINE PRESS

Jon Kabat-Zinn. Mindfulness for Beginners: Reclaiming the Present Moment — and Your Life.

Copyright © 2016 by Jon Kabat-Zinn.

Simplified Chinese Translation Copyright © 2024 by China Machine Press.

This Translation published by exclusive license from Sounds True, Inc. through BIG APPLE AGENCY. This edition is authorized for sale in the Chinese mainland (excluding Hong Kong SAR, Macao SAR and Taiwan).

No part of this book may be reproduced or transmitted in any form or by any means, electronic or mechanical, including photocopying, recording or any information storage and retrieval system, without permission, in writing, from the publisher.

All rights reserved.

本书中文简体字版由Sounds True, Inc.通过BIG APPLE AGENCY授权机械工业出版社仅在中国大陆地区（不包括香港、澳门特别行政区及台湾地区）独家出版发行。未经出版者书面许可，不得以任何方式抄袭、复制或节录本书中的任何部分。

北京市版权局著作权合同登记　图字：01-2023-6217号。

图书在版编目（CIP）数据

一心只做一事 /（美）乔恩·卡巴金（Jon Kabat-Zinn）著；周玥译. —北京：机械工业出版社，2024.5

书名原文：Mindfulness for Beginners: Reclaiming the Present Moment—and Your Life

ISBN 978-7-111-75660-6

Ⅰ.①一… Ⅱ.①乔… ②周… Ⅲ.①心理压力－心理调节－通俗读物 Ⅳ.① B842.6-49

中国国家版本馆CIP数据核字（2024）第 080829 号

机械工业出版社（北京市百万庄大街22号　邮政编码100037）
策划编辑：欧阳智　　　　　　　　责任编辑：欧阳智
责任校对：王荣庆　张昕妍　　　　责任印制：刘　媛
涿州市京南印刷厂印刷
2024年8月第1版第1次印刷
130mm×185mm·5.25印张·2插页·76千字
标准书号：ISBN 978-7-111-75660-6
定价：59.00元

电话服务　　　　　　　　　网络服务
客服电话：010-88361066　　机　工　官　网：www.cmpbook.com
　　　　　010-88379833　　机　工　官　博：weibo.com/cmp1952
　　　　　010-68326294　　金　书　网：www.golden-book.com
封底无防伪标均为盗版　　　机工教育服务网：www.cmpedu.com

引言

欢迎来到正念修习的世界。你可能对正念还一无所知,然而如果这是你第一次接触系统的正念培育,此刻也许就是你生命的转折点——这个既微小又巨大的力量,可能会改变你的生活。换言之,你有可能发现,培育正念会让你拿回生活的主动权,这也正是很多在正念减压(mindfulness-based stress reduction, MBSR)课程中修习正念的学员们的体验。如果正念真的深刻地改变了你的生活,不会只是因为本书(当然我希望它起到工具性的作用)。你生活中发生的任何变化,都主要是由于你自己的努力,或许部分来自某种神秘动力的指引:一种值得信赖的深层直觉,吸引我们在真正了解某个事物之前就去靠近它。

正念即觉察,是通过持续地、有意识地、不加评判地把注意力放在当下时刻,从而培育起来的觉察。正念是众多修习方式中的一种。在这里我把修习定义为这样一种实践:修习就是系统地调节我们的注意力和能量,从而影响并转化我们体验的品质;其目的是认识人性的全貌,并且认识我们与他人、与世界的关系的全貌。

根本上说,我视正念为一场恋爱:与生命的恋爱,与现实和想象的恋爱,与你自身存在之美的恋爱,与你的身心灵的恋爱,与世界的恋爱。如果这听上去广大而丰富,那么事实就是如此。因而,在生活中系统地培育正念是非常有价值的,听从你的直觉,与自己的体验建立亲密的关系,是非常健康的选择。

本着坦诚的态度,我要告诉大家,本书的前身是真音(Sounds True)公司出版的一套音频课程,多年来收到很多好评。你可以在本书第5章找到5个常见的正念练习的练习提示,它们可以帮助你更好地投入相关练习。你迟早会知道,修习,特别是正念修习的转化性潜能,就来自坚持不懈的练习。

正念练习包括正式练习和非正式练习,它们互为补充、彼此促进。正式练习指每天留出专门的时间练习。非正式练习没有固定形式,重点是自然而然地让练习渗入每一个醒着的时刻。这两种体验式的练习并肩作战,相互支持,最终成为无缝衔接的整体,即所谓"有觉察地生活"或"觉醒地生活"。我的期盼是,你可以规律地练习,看看接下来的几天、几周、几个月、几年会发生什么样的变化。

我们会发现,稳定又温和的练习意愿本身就是一种强大且治愈性的训练,不论在某个特定的日子你想不想练习。如果没有这样的动力,尤其在练习初期,无论你多么认同正念哲学,它也不过是一种概念或剧本,难以真正在你的生活中扎根。

在原版的音频节目中,我还介绍了正念练习的过程和积极培育正念的重要性。本书就在这些内容的基础上扩展而来,并且在框架、细节和深度上都远远超越了最初的内容。尽管如此,我仍然保留了最初的主题顺序,以及第一人称(我)、第二人称单数(你)、第一人称复数(我们)的叙述方式,意在体现一种对话和相互探询的特点。

在本书里,我们将以初学者的态度来一起探索正念这个主题,仿佛你完全不知道正念是什么,也不知道把正念融入生活的价值所在。我们将主要探索正念修习的心要,以及如何在日常生活中培育正念;我们还将简要讨论正念对健康的各种益处,比如对压力、疼痛和疾病的疗愈效果,并展示参与正念减压(MBSR)课程的患者如何运用正念;我们会介绍科研领域最新、最喜人的成果,如以MBSR

形式进行的正念训练确实能够改变大脑的结构和功能;我们还将介绍这些有趣的发现对帮助我们处理想法和情绪(尤其是那些下意识的反应)有何意义。

篇幅所限,我们对这些主题的讨论只能是较为浅层的,而更深入的探索和成长是一趟持续的冒险,是一辈子的工作。你可以把本书当作一座如卢浮宫般华美的宫殿的入口,而宫殿本身就是你自己、你的生活和你作为一个人的潜能。我邀请你进来,以自己的方式和节奏,尽情探索生命的丰富性和深度,在这里,它们体现为觉察的所有具体和特定的表现形式。

希望本书可以给你一个充分的概念框架,便于你理解,为何我们要全心全意地、有规律地练习正念这个看起来不知所谓的东西。正念,以及当前公众与学术界对正念的高度关注,看起来有点"无中生有"或"无事生非",然而我认为更准确的描述是,这生出"有"或"是非"(ado)来的"无"(nothing),本身就是"有"(everything)。接下来,我们将亲身体验"无"(almost nothing),这"无"中蕴含着增益生命的无数可能性。

正念修习带来无尽的机会,让我们和自己的心更亲密,帮助我们发掘、培育内在资源,促进学习、成长、疗愈,也有可能让我们更了解自己是谁，明白如何更智慧地生活，活得更幸福、更有意义、更快乐。

当你运用本书建立起坚实的修习基础后，如果你想进行更深入的探索，还有无尽的资源供你取用。当代和历史上有无数老师的著作都是无价的珍宝，它们将助益你在正念修习的路上不断成熟和深入。如果你能参加一些当代杰出的老师带领的静修营，你的修习将得到提升和深化。我极力推荐这些活动。

关于本书里的内容，在我的其他著作里有更详细的论述，特别是《多舛的生命》（*Full Catastrophe Living*）、《正念：此刻是一枝花》（*Wherever You Go, There You Are*）、《觉醒》（*Coming to Our Senses*）。撰写本书的意图是为你提供一个直接、便利的入口，让你快速了解正念修习的心要，包括正式练习和在日常生活中应用正念的本质。如果你愿意接受这个邀请，这二者都将成为你持续修习的重要内容。

本书的章节有意识地设计得短小精悍，而非面面俱到。它们的目的是启发你反思，鼓励你练习。随着你修习的根基日渐深厚，这些言语可能会产生不一样的含义。正如没有两个时刻完全一样，没有两次呼吸完全一样，每一次你反思一个章节，每一次你把它与你的修习实践和你的生活结合起来，很可能它会给你不一样的启发。你会从你的直接体验中发现，修习的深化仿佛遵循一条轨迹，像有一条小河承载着你顺流而下。修习本身会推动着你前行，慢慢地，你的切身体验会在本书的字里行间找到共鸣。

为了促进修习，你可以先选择一种特定的练习方法，尝试练习一段时间，看看感觉怎样，看看它给你带来什么样的发现。我邀请你参与进来，尽你所能，全心投入练习，一刻接着一刻。然后，你可以借助本书的文字来整合你的体验，在努力靠近观察我们通常无视或贬低的日常体验的同时，通过探索和质询，不断加深对它们的理解。

我希望，你将真真切切地开启一场探询与发现的冒险，它指引你贴近你的思想与心灵的本质，探索如何更临在、开放、真实地生活。这不仅仅是为了你自己，也是为了与你有着深刻联结的亲人、所有生命和整个世界。从这个意义上说，这个世界的方方面面都将因你的关怀和关注而受益。

正念的要义是深深的聆听，即以郑重严肃的态度，培育与你日常生活的亲密关系——这件事非常重要，它的重要性简直超越你的一切想象。

因此，在你踏上这一旅程的重要时刻，我祝愿你的正念修习持续生长，枝繁叶茂，滋养你的生活和工作，一刻又一刻，一天接着一天。

目录

引 言

|第1章| 进入

初学者之心 /4

呼吸 /5

是谁在呼吸 /7

世界上最艰苦的工作 /8

照顾好这一刻 /9

正念就是觉察 /10

行动模式和存在模式 /11

科学基础 /12

正念是普遍适用的 /14

觉醒 /15

稳定和校准你自己的研究工具 /17

修习的本质就是安住于觉察之中 /18

戒律之美 /20

调整你的默认设定 /22

觉察:唯一足以平衡思考的能力 /24

注意和觉察是可训练的技能 /26

思考本身不是问题 /27

与思考成为朋友 /28

一些关于心的有用意象 /29

别把想法太当回事 /31

自我中心化 /32

我们与"我"和"我的"的缠绵纠葛 /33

觉察是一个巨大的容器 /35

注意本身比注意的对象更重要 /36

|第2章| 坚持

正念减压 /40

一个世界性的现象 /42

温情的注意 /43

所有感官的正念 /44

本体感觉和内感作用 /45

觉察的一体性 /47

了知便是觉察 /49

生活本身就是修习 /50

你已有所属 /51

鼻子之下 /52

正念不仅仅是一个好主意 /53

重建联结 /54

我是谁？质疑我们的自我叙事 /55

你的本质超越任何叙事 /57

你一直是完整的 /59

另一种注意的方式 /61

"不知道" /63

有准备的心 /64

属于你自己的真相 /65

| 第3章 | **深化**

没有地方要去，没有事情要做 /70

出自存在的行动 /71

适切地行动 /73

如果你能觉察到正在发生什么，你就做对了 /74

非评判是智慧与友善的行动 /76

谢天谢地！你只能成为你自己 /78

具身的了知 /79

感受为他人喜悦 /81

多舛的生命 /82

对痛苦的觉察是一种痛苦吗 /83

从痛苦中解脱是什么意思 /85

地狱 /87

解脱就是修习本身 /89

心智的自我认识之美 /92

照顾你的正念修习 /93

修习中的能量守恒 /94

不伤害的态度 /96

贪婪：不满足的链条 /97

嗔恶：贪婪的反面 /99

愚痴与自我实现的预言陷阱 /102

此刻永远是对的时机 /103

真正的功课：就是此刻 /104

把生活还给自己 /107

把正念带给世界 /108

| 第4章 | **成熟**

正念修习的态度基础 /114

第5章 修习

从正式练习开始 /132

正念进食 /140

正念呼吸 /141

整个身体的正念 /143

声音、想法和情绪的正念 /144

纯粹觉察的正念 /146

致谢 /149

后记 /150

进入

第1章

稍不留心，我们就会异化成"做事的人"（human doing），而不是"存在的人"（human being），就会忘记到底谁是行动的主体，到底为什么要行动。

这正是正念可以介入的地方。正念提醒我们，运用注意力和觉察，我们就可能从行动模式切换到存在模式。

初学者之心

这可能是一个重大的时刻，像做一个实验，有意识地停止你的一切外在活动，坐着或躺下来，向内在的寂静敞开。这可能是你成年以来第一次，除了一刻接一刻地临在于当下，没有别的事情要做。

我所认识的在生活中修习正念的人，都清晰地记得，最初是什么吸引了他们，包括那些让他们开启练习的心境和情境。我当然也是。开始时刻（包括意识到自己想要以这种方式与自己联结的那一刻）背后的情绪样貌，对我们每个人来说都是丰富和独特的。

铃木俊隆（Suzuki Roshi）是一位创建了旧金山禅修中心的日本禅师，他有一句名言："初学者的心中有无数种可能性,专家的心里只有有限的可能性。"初学者的心中并无多少现成知识,因此对新鲜的体验更开放。这种开放性是极有创造力的。心灵本身已经具备这种特性,重点是不要失去它。而这需要你驻足于当下,安住于时刻涌现的鲜活奇迹中。当然,如果你不再是一个初学者了,就会在某种程度上失去初学者之心。不过,如果你能时常记起,每一刻都是新鲜的,也许,只是也许,你所已知的不会阻碍你向更辽阔的未知世界敞开。只要你愿意敞开心胸,初学者之心就能为你所用。

呼吸

从呼吸说起好了。呼吸是我们习以为常的一件事,除非有一天你得重感冒了,或出于一些原因不能通畅地呼吸。然后突然间,呼吸变成了全世界你唯一在乎的事情。

其实,气息一直在你的身体中进进出出。实际上,我们一直"被呼吸"着。每一次吸气,我们啜饮一口空气;每一次呼气,我们又把它还给这个世界。我们的生命仰赖于呼吸。由于呼吸有不断进来-出去的特性，因此铃木俊隆将它比作一扇"旋转门"。我们通过这扇至关重要又神秘的门离家，也通过它回家，我们可以把呼吸作为第一个注意的对象，以便把我们带回到当下，因为我们只能在当下呼吸。上一次呼吸已经离去，下一次呼吸还没有到来，只有这一次呼吸是实实在在的。因此，呼吸是一个理想的锚点，可以锚定我们散乱的注意力，帮助我们活在当下。

这就是为什么各种修习传统都把呼吸给身体带来的感觉，作为首要的觉察对象。不过，觉察呼吸并不只是初学者的练习。这个练习固然简单，但呼吸中已囊括了培育完满人性，尤其是智慧与慈悲的一切资源。

原因在于，觉察呼吸的重点并不在于呼吸本身，正如觉察我们选择的其他对象时，重点也不在于那个对象。觉察的对象可以帮助我们培育注意力的稳定性，我们会逐渐发现，觉察本身才是关键。真正的重点是感知者（你）与被感知者（你选择的觉察对象）之间的关系。这些在觉察中汇聚成一个无缝的、动态的整体，因为它们从一开始就根本没有分开过。

觉察才是真正重要的。

是谁在呼吸

以为呼吸由自己掌控，这是一种自负，虽然我们总是说："我在呼吸。"

当然是你自己在呼吸啦。不过让我们面对真相：如果当真要靠你自己来主导呼吸的过程，你可能早就死掉了。因为你迟早会被各种事物吸引注意力，而注意力一旦离开呼吸，啊哦，死掉了。所以，无论你是谁，"你"根本无法承担主导呼吸的重任。相比之下，脑干可以更好地完成这份工作。心跳和其他重要的生理功能也是如此。我们也许对它们的表现有所影响，尤其是对呼吸，但我们并非呼吸的主人。呼吸远比这更神秘、更奇妙。

那么随之而来的问题是：到底是谁在呼吸？是谁在开始修习和培育正念？甚至，是谁在阅读这些文字？让我们带着初学者之心来探讨这些根本性的问题，以理解培育正念的过程究竟是怎样的。

世界上最艰苦的工作

公平起见,我要在一开始就坦白,培育正念可能是这世上最辛苦的一件事。

讽刺的是,生而为人的终身挑战是,成为我们本来就是的这个人。没有人能代替我们完成这份使命。能否通过这一挑战,取决于我们在面对种种"应该"过的生活之时,是否深切地在乎什么是自己真正的需要,并负责任地回应内心深处的召唤。

与此同时,修习正念也可以说是一个游戏。不要因为它与我们的整个生活有关,就把它太当回事了——我说这句话时特别认真!幸福的人生不能缺少轻松和趣味,在正念修习中也是如此。

最终,正念可以毫不费力、亲密无间地融入我们的生活,成为我们真实地、完整地表达自己的一种方式。因此，没有一个人培育正念的路径和获得的收益，会和另一个人一模一样。我们每一个人都得发现自己是谁，找到自己的生命意义和通向这个意义的独有路径。为此，我们需要全然关注生命在当下时刻展开的点点滴滴。毋庸置疑，没有其他人可以替你行使这份责任，正如没有人可以代替你生活——任何人都不行，除了你自己。

可能到目前为止，你尚不能完全理解我所说的话。我们善于自我解释，常常用各种根本不真实或半真半假的故事来代替事物的真实样貌，同时，我们心底里也有一份想探究并看清真相的渴望。如果你在这份渴望的推动下，坐下来，投入培育正念的正式和非正式练习中去，日复一日，让练习深入，那时，你将真正懂得这些话语的含义。

照顾好这一刻

在正念的冒险旅程中，我们每一个人都会带入自己的天赋与烙印。我们不可避免地会使用或依赖自己过去的经历，这些经历中可能有很多痛苦，从过去一直持续到现在。

一旦开始练习,我们的全部过往,连同其中的痛苦,都会成为我们心的工作台。我们在此处学习安住于当下,培育觉察、平等、明晰和关怀之心。你需要这些过往,就像制作陶器需要陶土。如何从过去或想法、概念中解脱出来,把握好我们一直以来真正拥有并且唯一拥有的时刻——当下,是一辈子的功课与冒险。照顾好当下,可以对下一个时刻以至未来,对你个人和世界,产生深远的影响。如果你能在这一刻全然觉察,下一刻可能就会不同。由于你处于觉察和开放的状态,下一刻的变化可能是巨大和极有创造力的。

正念就是觉察

正如引言中提到的,我对正念的操作性定义是:有意识地、不加评判地把注意力放到当下时刻。

有时候,我喜欢加上"仿佛你的生命仰赖于此"这一句,因为正念确有如此深刻的意义。

更严格地说,正念是当你有意识地、不加评判地、郑重地把注意力放到当下时所升起的东西。这个东西就是觉察本身。

觉察是一种我们非常熟悉,却又极其陌生的能力。我们探讨的正念修习其实真的只是去培育一种我们本身已经拥有的资源。修习正念,既不需要去什么特别的地方,也不需要求取什么特别的东西,只需要学习如何栖身于我们心中失联已久的一片领域,即切换到心的存在模式(the being mode of mind)。

行动模式和存在模式

在生命中大部分时间里,我们都忙着"做事":忙着完成任务,一个任务紧接着下一个任务,或试图同时处理多件事务。

生活充满了紧迫感,我们只好匆匆滑过当下,希冀美好会在未来某个时刻到来。我们活着好像只是为了划掉待办清单上的事项，在一天结束时瘫倒在床上，第二天清晨又机械地开始重复的生活。我们被不断加剧的要求和期待驱使着——我们对自己的要求，他人对我们的要求，我们对他人的要求——这和数字技术的无孔不入有关，随着对它们的依赖不断加深，我们的生活节奏越来越快。生活不再是生活，只是"活着"而已。

稍不留心，我们就会异化成"做事的人"（human doing），而不是"存在的人"（human being），就会忘记到底谁是行动的主体，到底为什么要行动。

这正是正念可以介入的地方。正念提醒我们，运用注意力和觉察，我们就可能从行动模式切换到存在模式。然后，行动会从存在中自发地涌现，而且更加整合，更加有效。更重要的是，当我们学会安住于身体，安住于我们唯一拥有的这个时刻，我们的自我消耗也将止息。

科学基础

自减压门诊（Stress Reduction Clinic）在马

萨诸塞州立大学医疗中心成立以及MBSR课程创立以来，30多年里，正念及其在健康和疾病领域的应用已成为众多研究的焦点，这些研究取得了很多发现。

以MBSR课程形式进行的正念训练及相关干预方法，已被证明在缓解压力和压力相关问题，以及患者的焦虑、惊恐和抑郁方面非常有效，它们能够帮助患者更有效地应对慢性疼痛，提高癌症和多发性硬化（multiple sclerosis）患者的生命质量，降低极易复发的重性抑郁障碍（major depressive disorder）的复发概率。这些只是众多科研发现中的一小部分。MBSR还被发现可以改善大脑处理压力造成的困难情绪的方式，降低右侧前额叶的活跃度，激活左侧前额叶，从而让情绪更平衡，并且诱发与大脑变化相关的免疫系统的积极改变。

还有研究发现，经过MBSR课程训练，参与直接体验（experiencing）当下的大脑皮层网络更加活跃。相反，未经此训练的人相应的大脑回路较不活跃，他们参与生成叙事（generating narratives）的神经网络更加活跃。这些发现表明，正念练习可以丰富我们体验自身的方式，否则，我们更有可能只会在经验之上构建故事，这会侵蚀、渲染经验本身。

已经明确的一点是，MBSR 训练可以改变大脑结构：一方面是增厚特定脑区，如对学习和记忆很重要的海马体（hippocampus）；另一方面是使其他脑区变薄，如右侧杏仁核（amygdala）。右侧杏仁核位于大脑的边缘系统，负责调节人们对感知到的威胁（如愿望受挫）的恐惧反应。

有关正念的研究还有很多令人振奋的发现，而且每天都有新的发现被发表出来。

正念是普遍适用的

正念常常被认为是佛教修习的核心内容，然而，培育正念并不是一种佛教活动。

正念本质上是普遍适用的，因为它是关于注意和觉察的，而这二者是所有人共有的内在能力。当然，从尊重历史的角度说，对正念及培育正念的方法最精炼、最完善的论述，来自佛教的传承。浩如烟海的佛学典籍和教诲，也是帮助我们理解正念、学习其最精细奥妙的修习方法的宝贵资源。如你们所见，这就是为什么我会不时提及多位佛教老师和他们的观点，他们来自不同的佛教传承，如禅宗、藏传佛教、南传上座部佛教，这些传承不但发展了各式各样的修习方法，还提炼了运用注意力和觉察力的不同模型。不同的传承、模型和方法本质上殊途同归，就像是进入同一个房间的不同的门。

我们最好记住，佛陀（the Buddha）本人并不是佛教徒（Buddhist），就连"佛教"（Buddhism）这个词也是18世纪的欧洲学者发明的，他们大部分是耶稣会士，对亚洲各地神龛之中盘腿而坐者的雕像的真正意义知之甚少。

觉醒

很多人并不知道，严格来说，我们看见的佛像及其他佛教艺术品，其实是心的状态的象征，而非神的象征。

佛陀本人就是觉醒状态的化身。佛陀的教导最初是用巴利语记录下来的，在这一语言里，佛陀这个称号的本义就是"觉醒的人"（the one who has awakened）。

对什么觉醒呢？对现实的本质觉醒，对从痛苦中解脱的潜能觉醒——方法是实践一种系统的生活方式。

佛陀的觉悟来之不易，他本人历经多年、多流派的艰苦修行才获得这些洞见。我们已经知道，这些洞见也是普遍适用的，如所有伟大的科学发现（如热力学定律和万有引力定律）一样。佛陀认为，他的个人体验和洞见不仅适用于佛教徒或禅修者，也适用于每一个人和每一颗心。如果它们不能普遍适用，价值就非常有限了。如今，我们已经能用科学的方法对其中一些主张加以验证了。

某佛教学者曾说，我们可以把佛陀看作一个科学天才，只是受到所处时代的限制，他除了自己的身体和心智，没有其他的研究工具可用。他把自己所拥有的一切资源用到了极致，以深入探索自己感兴趣的问题：心的本质是什么？痛苦的本质是什么？脱离束缚和痛苦的人生真的存在吗？

稳定和校准你自己的研究工具

当然了,在使用任何工具(无论是射电望远镜、分光光度计还是家用体重秤)之前,你都必须先校准工具,确保工具放置稳定,才有可能得到可靠的数据。

佛陀所教授的部分修习方法,就起到稳定、校准"心"(the mind)的作用,使其能够深入洞察,看见它所观察的对象的实质。显然,如果你把望远镜架在水床上看月亮,恐怕连月亮都找不到,更别提仔细观测了。只要你稍微动一下,月亮就会从你的视野里消失。

在我们试图观察自己的心时,情况也是类似的。如果我们要用"心"去观察心、亲近心并最终理解心,首先我们必须了解一些让心稳定的基本原理。只有当"心"有一定程度的稳定性时,它才有可能持续可靠地把注意力深入到自身的表面活动以下，觉察自身的底层运作方式。

我们的努力总会轻而易举地被分心所挫败。我们的注意力并不是非常稳定，在大部分时间里，它总是被动地四处游荡。当你跟随引导进行正念练习时，很快就会亲身体验到这一点。经过持续的练习，我们对心的这样一种来来去去的现象逐渐熟悉起来；慢慢地，我们的心开始学会如何让自己稳定或部分稳定。

只要一点点稳定性，伴之以觉察，就能起到巨大的转变作用。因此，千万不要对心有理想化的幻想，不要期待它纹丝不动或绝对稳定，不要认为这样才叫"做得对"。绝对的专注可能在极罕见的时刻、极特殊的情况下出现，但我们终究会发现，大部分时候，走神就是心的特质。知晓这一点，本身就会促进我们的修习。

修习的本质就是安住于觉察之中

正念的挑战在于，与你此时此刻的真实体验同

在，不试图改变，也不迫使它变得不一样。

无论你在任何时刻经历何种体验，最重要的是觉察到它。无论你是否喜欢，无论它是否令人愉悦，你可以为此刻正在展开的体验留出一点空间吗？在下意识逃走或行动之前，你是否可以在觉察之中待一会儿？哪怕只有一次呼吸甚至一次吸气的时间。无论此刻体验的内容是什么，无论在正式练习还是在日常生活中，在觉察中安住就是正念练习的精髓。当我们稳定地栖身于觉察之中，生活本身就成了修习。这是我们的生命中本自具足的能力，只是我们对它如此陌生，以至于在我们最需要它的时候，反而不能善加运用。

不过，通过持续的、有意识的、温和坚定的正式练习和非正式练习，正念将慢慢成为我们的"默认设定"，即在情绪短暂失衡的时候，我们可以本能地调回到这种"基准正念状态"（baseline condition）。如此一来，正念就成了我们应对艰难时刻的健康可靠的资源。我们稍后还会继续探讨这个话题。

戒律之美

你肯定已经注意到了，在讨论如何培育正念时，我提到了"戒律"（discipline），这是有充分理由的。

培育正念确实需要一定程度持续的动力和目的性。我们的内在和外在世界中总有各种各样的能量场，无休止地分散我们的注意力，让我们忘记自己的意图和目标，让觉察变得散漫。我所谈的"戒律"其实是一种意愿，就是无论当下正在发生什么，无论我们感觉多么散乱挣扎，都愿意一次又一次地把开阔清晰的觉察带回此时此刻。

只需要以这样一种态度来面对我们的体验，不试图修正或改变任何体验，这就是对自己的慷慨、智慧和友善之举。

"戒律"一词源自"学徒"（disciple），即时刻准备学习的人。对生活的任何一个方面保持持续关注都是很困难的，意识到这一点，同时在培育正念的过程中持守戒律，便为学习生活的根本智慧创造了条件。接下来，生活与修习自然融为一体，生活本身就是最好的老师，而每一刻的所有体验，就是我们要学习的功课。

真正的挑战是，我们与当下升起的实际体验应保持怎样的关系？在对这个问题的探索之中，蕴藏着自由的可能，蕴藏着品尝到真正的幸福、安宁与和平滋味的可能。在当下的每一刻，我们都有机会看见在潜意识中运作的旧习性，并看见我们不必屈服于这些习性。带着坚定的意愿和决心，我们可以学习不分心（non-distraction）、不回避（non-diversion）、不干预（non-fixing），学习无为而为、顺其自然（non-doing）。

如果我们愿意用这样的方式来面对自己的旧习性，而不只是把专注和无为当作遥不可及的概念，如果我们能一次又一次地唤起温和与友善，即使只有短暂的瞬间，我们也将有机会品尝到与当下的实相共处的滋味，如其所是、安然自在，却不需要改变或修正任何体验。

归根结底，这种倾向不仅仅构成了一种温和且治愈的戒律，它实质上是一种彻彻底底的爱和理智的行动。

调整你的默认设定

当无事可做时，你的内心正在发生什么？

我鼓励你在这个时候，多多留意自己的内在体验。对大多数人来说，此时内在进行的多半是思考（thinking），不停地思考，以各种方式思考。

似乎是思考，而非觉察，构成了我们的"默认设定"（default setting）。

这是一个很棒的发现，它有助于促成一种转变，让我们从"自动返回"反复思考的模式，慢慢调整到另一种更有益处的心智状态——觉察。假以时日，我们也许能把默认设定调整到正念（mindfulness）模式，不再时常"失念"（mindlessness），迷失在思维之中。

每当你坐下或躺下来修习之时，你会留意到的第一件事,便是你的心有它自己的生命:思考、遐想、幻想、计划、期待、担忧、喜欢、不喜欢、记起、忘记、评估、反应、编故事……心念如流,永不停歇。不过,你通常意识不到这个过程,除非你特意停下来(即使只是片刻),什么也不做,敞开心胸去留意。

而且,一旦你下决心培育正念,你的心里除了已经纷飞的念头之外,还会立刻涌入一系列新的想法和意见,如"什么是修习""什么是正念""什么该做""什么不该做""这样做对不对"等,无休无止,让你不堪其扰。

这就有点像电视体育解说节目:场上进行着真正的比赛,同时一直有评论员在解说。当你开始坐下来练习时,你也几乎逃不掉脑内的实时修习解说,它们甚至可能占据你的全部内在空间。此时,这也就不再是真正的正念修习了,就像实况转播并不等于比赛本身。

有时候,如果你关掉电视的声音,反而能真正地观看一场比赛。这种观看的方式非常直接,它带来的是第一人称的、未经他人心智过滤的体验。正念修习也是如此,只不过解说员是你自己的思想,它把此时此刻的一手直接体验加工成二手的故事:"修习真难啊""修习真棒啊"……啰啰唆唆,喋喋不休。

尤其是那些在修习中感到不舒服、身体紧绷、厌倦烦躁的时刻,你的思想会告诉你,正念修习多么无聊,你自己有多蠢才会相信"无为"会带来什么益处。你可能会发现自己不断质疑觉察的价值,不停地想:对不舒服的觉察,怎么可能让你从痛苦中"解脱",或减轻压力和焦虑呢?浪费时间去忍受单调乏味,似乎没有任何作用啊!

思想之流(thought-stream)就是会进行这样的操作,这就是为什么我们需要近距离观察和认识我们的心,否则,思考会完全支配我们的生活,扭曲我们的感受、行为和心意。你也不例外。我们每个人都每天、每时活在思想之流里,并且通常对此毫无意识。

觉察:唯一足以平衡思考的能力

对于大多数人来说,父母或老师从来没提过,在受教育的过程中也没学过这样一点，即对思考的觉察可以形成某种平衡，拓宽我们的眼界，让我们摆脱被想法支配的无意识状态。

让我们一起来回顾一下。

难道不是从入学开始，我们就只学习如何"正确思考"或思辨吗？这不就是学校的主要功能吗？我清晰地记得，当我还在纽约洪堡初中（Humboldt Junior High School）读书的时候，每当遇到不想学的东西，如三角函数或语法，我都会问老师："为什么我们必须学这些？"如果老师没有生气并且认真对待我的问题，通常他们会说，学习这些科目能够帮助我们培育思辨能力，以便能够更清晰深刻地进行陈述和推理。

你知道吗？确实如此，我们确实需要思辨、分析和推理的基础能力，这样我们才能理解世界，而不是迷失其中。因此，思考——精确、敏锐、辩证的思考——是我们需要培育、磨炼和深化的特别重要的能力，然而另一个同等重要的能力，即觉察的能力，在教育体系中没有得到任何系统的关注或训练。觉察至少与思考具有同等价值，我们甚至可以说觉察的力量更强大,因为无论多么高深奥妙的思想,都能被觉察容纳。

注意和觉察是可训练的技能

教师们最想要的,可能就是学生持久的注意力。

获取注意力可并不容易,这需要老师有能力让教学内容生动鲜活、贴近学生的兴趣和需要,打造安全、包容、有归属感的教学氛围,让学习成为奇妙的历险。呵斥并不能让孩子们集中注意力。授人以鱼不如授人以渔——教给孩子们集中注意力的方法,并且让这样一个学习的过程有吸引力,这对于孩子们而言才是真正珍贵的礼物。

对注意力的运用,是一种可以训练和不断提升的技能。杰出的心理学家、美国心理学之父威廉·詹姆斯(William James)曾说,注意力以及从中升起的觉察,是真正的教育和学习的路径,它们既是我们的天赋,也可以在实践中不断深化。安住于觉察之中,不仅可以平衡思维的能量,还可以带来更智慧的观点,甚至激发出完全不同的思考方式。

也许未来的研究会证明,正念训练可以提升创造力,让我们摆脱定势思维的束缚,产生更自由、更富有想象力的联想。

思考本身不是问题

一方面,培育、提升注意力和觉察力很重要,我们需要它们来平衡思维过程;另一方面,我们必须强调,思考本身并没有问题。

思考能力是人类最美妙的能力之一。科学、数学、哲学的杰出成就,诗歌、文学、音乐的人文巨制,全部都是人类心智的产物,并且主要是人类思维能力的成果。

不过,如果没有在广阔的觉察场域内对思考加以抱持与检验,它就有失控的风险。伴随未经反思的情绪状态，思考有可能造成巨大的痛苦，伤害自己、他人甚至整个世界。

与思考成为朋友

初学者从一开始就应该知道，正念修习意味着要与思考做朋友，无论思维内容是什么，都要用觉察温柔地抱持它。正念修习绝不意味着以任何方式驱走或改变想法。

正念修习不需要你停止思考，不论你的想法是混乱的、令人不安或烦躁的，还是令人振奋的、有创意的，都不需要简单粗暴地压制它们。

如果你试图压制想法，结果只会让你头疼。这样的企图是不明智的，就像试图阻止海洋起波浪一样愚蠢。海洋的表面会随着气候条件的变化而变化，这是海洋的自然本质之一。当没有洋流或风的时候，海面可以如镜面般平静，但在大多数时候，海面总有些许起伏。遇上风暴、飓风之类的天气，海面甚至会像被撕破了、揉碎了一般激烈颠簸。然而，即使在最狂暴的波涛之中，如果你下潜个十几米，就会发现狂暴逐渐消失，只能感受到温和的波动。

我们的心也是一样。当生活中的"天气"（即情绪、心境和经历）发生变化，我们的心也随之波动，而且我们对此缺乏觉察。我们会被自己的想法绑架和蒙蔽，把它们当作真相或现实，而它们实际上只是海面的波涛，喧嚣狂乱只是其表象而已。

与此同时，如果我们看到心的整体面貌，会发现它深邃、广阔，本性平和静谧，就如海洋的深处。

一些关于心的有用意象

海洋并非关于心的唯一隐喻，想法也不仅仅可以被比喻为波涛，还有很多有用的意象可以帮助我们以新的视角对想法和思维过程进行正念觉察。

比方说，我们也可以把想法看作一壶烧开的水里冒出来的泡泡，它们在壶底成形，上升到水面，然后消散在空气中，不留一丝痕迹。另外，你还可以想象思维的能量就像小溪或大河的水流，我们有可能被水流卷走，也可以坐在岸边，静观水流千变万化，漩涡升起、变化、消失，静听水流汨汨吟唱。有时，思绪会像瀑布般一泻千里，在这个意象里，也可以有些许喜悦：我们可以想象自己坐在思想瀑流背后的岩洞或岩石上的洼地里，侧耳倾听不断变化的声音，感受激流咆哮的震撼，在这无边无际的当下时刻，安住在无始无终的心的湍流里。

藏族人有这样一个说法：思想就好像"在水上书写"，本质上是空的、非实体的、稍纵即逝的。我喜欢这个说法。同理，"在天空书写"也是一个恰当的比喻。还有一个可爱的比喻是"触摸肥皂泡"。所有这些意象的重点都是把想法看作"自行解脱"的，一旦被碰触，就像肥皂泡般消散。当然，这里的"碰触"，是指被觉察发现，被识别为想法本身，即在超越时间和空间的觉察的疆域里不断升起、徘徊、消失的心理事件。

我们发现，无论想法的内容是什么，无论它们唤起了什么情绪，每当用觉察抱持想法，想法就立刻失去了支配我们的反应和行为的力量，不再束缚我们，而是变成了可以工作的对象。把想法视作觉察场域里的可被发现、识别的事件，让我们拥有更多自由。这个转化的过程并不需要我们特别做什么，觉察自会完成所有的工作，觉察自会解放我们。

别把想法太当回事

无论想法的内容如何，是好是坏，我们都不必把它们太当回事。领悟这一点，是掌控生活的重要一步。

我们不必相信想法，我们甚至不必认为想法是"我们的"。我们可以把想法只是当作想法，当作觉察场域内发生的来去匆匆的事件，它们有时候很有智慧，有时候伴随着强烈的情绪，而想法对我们的生活影响是好是坏，取决于我们与它们的关系如何。

当我们对想法淡然处之，不再认为它们编织的故事就等于现实的时候，当我们只是以好奇的态度觉察它们，了知它们的虚无、局限和谬误，并惊叹于它们竟有如此强大的力量的时候，即便只是瞬间，我们就从思维习性里解脱了出来，看到想法实质上只是心理现象而已，继续一刻不停地了知、觉察。

至少在这样一个时刻，我们是自由的，在这变化无常的现象世界里，亦即不断展开的生活中，我们看到事物的本来样貌，而非它应该有的样子，以清明和友善之心来行动。

自我中心化

无论这些隐喻和意象多么精准地描述了心的本质，多么深刻地诠释了我们与思想和情绪的关系，仍要谨记，它们同样不过是想法而已。

当我们掉进思想的溪流，陷在各色想法之中，尤其是当我们与这些想法产生自我认同时——这是我,这不是我……那我们就真的难以自拔了。把环境、条件和事物都标上人称代词,当作"我"或"我的",无尽的执着便升起了。有时我们把这种自我认同(self-identification)的习性叫作"自我中心化"(selfing),即一种把自己放在宇宙的绝对中心的倾向。

我们会发现,仅仅是觉察这一顽固的习性,用心观察自己究竟花了多少时间在"自我中心化"上面,不需要修正或改变什么,就能带来很大的益处。

我们与"我"和"我的"的缠绵纠葛

> 佛陀传法45年,据说他本人曾说,他45年的教诲可以浓缩成一句话:不要执着,根本没有什么是"我"和"我的"。

我们先来看看佛陀说的"执着"(to cling)具体指

什么。"不要执着,根本没有什么是'我'和'我的'",并不是说"你"不存在——不是说你得找个人替你起床、穿你的裤子,因为没有"你"了;也不是说你要把银行里的存款都散尽,因为它们不属于你,或者根本没有真的银行。它的意思是,我们有选择"不执着"的自由,当执着之心升起时,我们可以认出它,并选择不去"喂养"(feed)它。它的意思是,"自我中心化"的习性是我们最主要的一种默认设定,当我们失去觉察,落入自动导航的"行动模式"(doing mode)时,就会不断回到这种设定。它的意思是,我们可以自主选择与所有时刻、所有体验相处的方式。它的意思是,在每一刻,我们可以选择看到我们有多执着于"我"和"我的",看到我们有多么自我中心、自私自利,然后,我们可以决定不再执着,或者更现实的是,在当下发现自己的执着。也就是说,我们不必总是自动地、无意识地陷入自我认同和自我中心化的怪圈。更重要的是,当我们敞开心胸,重新认识自己时,我们能立刻看穿思维习惯对现实的扭曲,看穿它们制造的幻觉与妄想,看穿我们被囚禁的处境。

因此,每当你听到自己大量提到"我"和"我的"

的时候，也许可以把它们当作信号，提醒自己静静反思这种习惯的后果，以及它们是否对你有益。

觉察是一个巨大的容器

我们与自己的思维模式牢牢绑定在一起，甚至已经意识不到想法原来只是想法了。

我们总是把体验到的感受和想法当作现实，当作事实真相（即使我们内心深处知道并非如此），难道不是吗？没错，可我们能拿那些潜伏在意识阴影中的不适感怎么办呢？它们有点吓人，有时甚至非常恐怖。

前文已经提过，我们几乎从未接受过关于觉察的系统教育，不了解觉察的价值，也不知道它比想法和情绪的广度更大。其实很明显，觉察是一个巨大的容器，它可以容纳任何想法、任何情绪，并且完全不会被它们困住。就如人天生就有能力思考、感受、用眼睛看一般，觉察也是我们与生俱来的能力，只不过它鲜有被开发的机会。

例如，你从小上了那么多学习思辨的课程，可曾上过一节觉察培育课吗？肯定没有。令人惊奇的是，从小学、中学、高中到所谓的"高等"教育阶段，至少直到最近，学校都没有开设过类似课程。然而，情况正在迅速变化，正念正以各种方式被引入整个教育领域和各年龄层中。

注意本身比注意的对象更重要

正念即通过细致、系统、训练有素地运用注意力，以培育一刻接一刻的觉察。因此，一开始，我们会误以为最重要的是我们注意的各种对象。

注意的对象，可以是我们的经验世界里的任何东西：在某个时刻看到的、听到的、闻到的、尝到的、摸到的、感受到的、了知的一切。在正念修习的初期，我们确实需要聚焦于一个对象，可以是吸气和呼气给身体带来的感觉，可以是来到耳边的声音，或是我们在此时此刻接收到的任何体验。后来我们逐渐发现，可以让注意力聚焦于觉察本身，觉察到觉察本身，而不需要聚焦于任何特定的对象。在本书的最后一个练习提示中，我们将对此进行探索。

不过，你最好在一开始就知道，呼吸的感觉也好，声音也好，观察到的想法也好，都不是最重要的。

最重要的，同时也是最容易被忽略的、被认为理所当然并且鲜少被体验的，就是觉察本身，即不经思考加工的直接感受和了知——感受和了知此刻呼吸正在进行，听正在进行，想法正飘过心的天空。无论觉察的对象是什么，觉察本身才是最重要的。

觉察是我们已然拥有的能力，它触手可及、圆满完整，它可以抱持并直接了知我们内在、外在的一切体验，无论它们有多么重要或微不足道。这就是觉察的特性，而你本来就拥有它！或者更准确的说法是，你本就是它。

坚持

第2章

直到你持续、规律地修习，也只有通过持续、规律地修习，同时渐渐融入一种温和友善地对待自己的态度，正念才有可能超越想法的层次。否则，它的作用不过是填塞你的头脑，增加你的不满足感，然后变成另一个概念、另一句口号、另一件琐事、另一个塞到你满满当当的日程表中的待办事项而已。

正念减压

1979年以来，我和马萨诸塞州立大学医学中心减压门诊的同事们一直以正念减压课程的形式提供正念训练，在主流医学的范畴内，帮人们应对压力、疼痛和疾病。长久以来，这些病人未能获得令人满意的医疗护理。有时，他们感觉自己被忽视了，仿佛掉入了医疗系统的裂缝。30多年后的今天，裂缝已然变成了鸿沟。

关于美国医疗保健领域的支付政策，公众已有广泛的讨论，但说起保健是什么，甚至健康是什么、如何保持健康、恢复健康，讨论却远不充分，遑论具体举措。

在这种情况下，对个体来说明智的选择是，为自己的健康和幸福负起一定责任。事实上，个人对自己健康的投入，正是医疗保健系统的新愿景的核心成分，这是一种参与性的新模式，病人将作为医疗过程的重要合作者，主动地调动自己的内在资源，以促使疗愈发生。

MBSR想激励人们思考：除了倚赖医生和医疗系统履行他们的职责，我自己能为自己做些什么？无论在何种健康状况之下，当一个人决定参与的那一刻，他将成为整个系统的关键一环，帮助自己在整个生命周期之内持续提升健康和幸福水平。

这里所说的"健康和幸福"，是在最深、最广的意义上说的。它不仅指身体健康，或回到没有生病的基线状态（即所谓"正常"状态），也是一种心理、情绪和身体功能达到优化，并且自在安然的状态。这种状态来自你个人的生活实践，通过系统规范地训练、不断探索你的存在的真实场域发展而来；也来自回归心身原本亲密无间的关系，系统地开发生理和心理潜能，唤醒本自具足的幸福、智慧、慈悲和良善。

一个世界性的现象

MBSR已经传播到全美甚至全世界的诊所、医学中心和医院。

这并不意味着MBSR的方法只适用于正在经历身体疾病、慢性疼痛和精神障碍的人。这是一种通用的方法,适合每一个想要改善健康状况的人。

我们已经知道,正念修习其实就是培育觉察,培育觉察的品质、稳定性、可靠性,以及从自我贬低、漫无目的的习性中解脱的能力。正念能够培育纯粹的专注力、明辨力和清晰的洞察力,并带来智慧。"智慧"在这里意味着看清事物的本来面目,而非执着于我们对事实的误解和扭曲。这种误解和扭曲可以说是我们所有人的常态,任谁也概莫能外,因为我们非常容易被自己的信念系统、想法、观点和偏见所禁锢,它们像面纱或阴影般阻碍我们看到眼前的真相,阻碍我们遵循内心真正珍视的价值来行动。有时候，我们的家人在爱或绝望的推动下，努力想让我们明白，由于我们对一些东西视而不见，或是完全扭曲误解了事实，我们制造了很多不必要的痛苦。

即便如此，要让我们清醒仍然很困难，因为我们要么听不见，要么不相信，妄想和分心的习惯是如此强大，我们深陷其中不能自拔。

温情的注意

正念是培育纯粹的专注力、明辨力、洞察力和智慧，同时很重要的是，要在觉察里加入一种温情的品质，即开放地对待当下升起的任何体验，带着善意，主动扩展我们内在的慈悲心，拥抱一切，包括我们自己。

再次强调，这种品质不是可以通过强迫自己或拼命努力来获取的，它是一种始终存在的品质，并且本来就是我们的一部分。我们需要做的就是不时记起它,并把它带到任何一个时刻的前景中来。

所有感官的正念

当我说"清晰地看见"时,好像暗示某一种感官比其他感官更重要。其实这里说的"看见"代表我们所有的感官,因为我们需要调动所有感官,才能够觉察,从而真正有所知。

从修习的角度,感官不止五感。神经科学其实也有同样的观点。佛学把"心"(mind)明确地定义为第六种感官。"心"并不是指思考,而是指觉察,即以非概念的方式了知(know)事物的能力。

例如,你"知道"(know)你此时在哪里,不需要特别思考就知道。至少在大多数时候,你就是知道自己在哪里,而且你知道之前发生了什么。换句话说,你总是能感知时间和空间的定向,完全不需要通过思考。我们低估了自己了知事物的深度，因为这一切是自然发生的。这种非思考层面的知道，也就是觉察本身，就是所谓的第六感"心"的功能。

因此，清晰地看，就是清晰地听，清晰地闻，清晰地尝，清晰地触摸，清晰地知道。清晰地知道，就是知道心的活动，即心中产生的想法和心正在经历的情绪，即回到身体，感受你当下的感受，包括恐惧、愤怒、悲伤、沮丧、恼怒、焦躁、厌烦、满意、共情、慈悲、快乐，或其他任何感受。

通过这种方式，所有事物和体验都能在此时此刻成为我们的老师——轻柔拂过皮肤的空气，跳跃的光影，他人脸上的表情，身体短暂的收缩，心上掠过的念头……进入觉察的一切，都在提醒我们，全然地活在此时此刻。

本体感觉和内感作用

科学界现在认识到，人类的感官不止五种，我们的生活与幸福感，还与另外一些感知能力息息相关。

其中一种能力叫本体感觉（proprioception）。"本体"就是"自我"的意思。本体感觉是我们对自己的身体在空间中的静态姿势和动态位移的感知。在罕见的情况下，神经损伤会造成本体感觉丧失。如果没有这种感觉功能，身体就无法感知内在的感觉，身体也将无法正常运作。神经科学家奥利弗·萨克斯（Oliver Sacks）描述过一个例子，一位女士因药物反应而失去了本体感觉，虽然她外表看起来如常，却不再能感知到自己身体的存在。她在进食的时候，必须看着自己的手臂，才能移动手臂把食物送到嘴里。她的所有运动都不再流畅，如此严重的丧失令人震惊。只需想想我们最习以为常的功能失去的样子，就能意识到，我们竟对这样一种天赋的重要感觉如此缺乏关注，而在毫不知情的情况下，我们的生活又是如此依赖于它。

除本体感觉之外，还有另一种我们不太留意的感觉功能叫内感作用（interoception），这是一种从内部了解你身体感受的感觉，它不是对身体的思考，而是对身体的直接体验，是一种内在的、具身的、直接体验到的感觉。如果他人问你感受如何，你说"还行"，这种"还行"的感觉是从哪里来的？就是内感作用告诉你的。

在正念修习中，无论是静坐还是动态的修习，我们都会把注意力主要放在整个身体的感觉上。我们可以学习在全然的觉察中"安住"（inhabit）于身体，并且有意识地保持这种具身的、当下的觉察。

觉察的一体性

由于我们拥有那么多种感官，在生活中任意一个特定时刻，我们都可以觉察到无数体验。

这些体验包括向外的对世界的体验，也包括向内的对自身存在的体验，即身体的感觉印记（sense impressions）、想法和情绪。由于觉察可以容纳全部体验，包括内在世界和外在世界的全部体验，因此，在内在体验与外在体验之间、觉察者与觉察的对象之间、主体与客体之间、存在与行动之间，并不存在本质的区别，只存在表面的区别。

体验之间确实只有表面的区别，然而在我们的日常体验里，这种表面的区别却占据了绝对优势，似乎无可置疑，而且，它还会遮蔽觉察本质上的一体性。所谓一体的觉察，就是只有看、听、闻、尝、触、感受、了知，或所谓"在觉察"（awarenessing）的存在，而没有一个恒常不变的、位于中心的"你"的存在，即没有体验这一切的体验者的存在。因此，主体（"看者"）(the seer)和客体（"看的对象"）(the seen)之间并无本质区别，只有表面的分别——在常规意义上，当然有一个"你"在听、在看、在闻、在尝、在了知，然而，"你"又是谁呢？

你感受到以上探询中蕴含的神秘了吗？你感受到其中潜藏的价值了吗？

我们很快会再回来探讨这个问题。

了知便是觉察

想一想,"看见"既包括"看"这个奇妙的能力本身,也包括"知道自己在看"(knowing that you are seeing)这样一种当下的、非概念的了知状态。"听见"也包含"知道自己在听"。了知便是觉察,它在思考之前就已经发生了,但它也包含思考,因为当我们看、听或有其他体验时,思考通常也会加入。

你已经在上一节看到,有时我会把"觉察"(awareness)写作"在觉察"(awarenessing)。这种写法有一种特别的意味,它能够传递出一种特定的语气,与培育正念的状态非常吻合。觉察不再仅仅是一个名词、一件东西或一种期望达成的状态,它成为一个动词,中间蕴含了某种动力,表明觉察是一个过程而非一种终极状态。这种动力对进行自我探索至关重要,它推动我们运用自身的潜能,去觉察、安住当下、保持正念,在这个充满压力、有时失序混乱的世界,同时也是无限美丽的世界里,充实高效地生活。

这世界的美,来自它的所有居民,包括所有生物和我们自己,包括你。

生活本身就是修习

人们带着各种疾病诊断来到医疗中心学习MBSR,是希望我们能修正他们的缺陷,然而有趣的是,在我们的眼里,无论他们有什么疾病,他们(和我们)本质上一直是完整无缺的。我们的出发点是觉察的中心一体性,也是为什么我们总是说,无论你有什么问题,只要还能呼吸,你的身上对的总比错的多。

在MBSR课程里,我们像做实验般,系统地把能量以注意和觉察的形式投注到体验中对的部分,看一看会发生什么。我们并不是无视问题,问题本身交由医护团队去处理,而我们只关注体验中一些最基本的部分,那些我们认为理所当然的部分，如我们拥有身体，我们还在呼吸，我们能以各种方式感知世界，我们的心源源不断地产生想法和情绪，我们拥有对自己和他人友善的能力，我们可以体现耐心和信任的品质……当我们把存在的不同维度带入觉察，生活本身就成了正念修习。

你已有所属

当你与相似的人一起修习，如参加医院的MBSR课程时，修习的作用会更强大，因为在面对让人难以置信的艰难困苦时，人们所展现出来的力量、坚韧和洞见将深深感染和激励你。

即使独自修习，你也不是孤独的，你若有心寻找，会发现来自同修者的激励无处不在。

当你在家修习时，你知道，就在同一时刻，数百万与你相似的人也在修习，这样一个事实会给你带来安慰和鼓励。你是完整的，虽然你可能意识不到，但你同时也是一个更大的整体的一部分。你永远不孤独,你已有所属。

你属于人性。

你属于生命。

你属于此时此刻,属于这一口呼吸。

鼻子之下

虽然我们已然完整,而"完整"也正是英文里health(健康)、healing(疗愈)和holy(神圣)的本义,然而我们却不幸沾染了一种习性,即把世界分割为内在与外在、这个和那个、主体与客体、感知者与感知内容、喜欢的与不喜欢的、想要的与不想要的……因此,我们未必能感受到这种完整性。

我们常常无意识地陷入对体验的区分和割裂,意识不到体验的内在完整性,这一倾向会严重束缚我们的思维、情绪、感觉和了知模式。未经检视的心智习性会阻碍我们领会觉察的广阔、明晰和一体性。实际上，无论从实际还是隐喻的意义上说，正念就在每时每刻我们的鼻息之下，就在一呼一吸之间。因此，正念随时都在，只是，如果我们不留心，如果我们忽视自己与当下同在的潜能，如果我们不想在场、不想暂停、不想看、不想听见，它就会溜走。就是这么简单。

觉察是我们与生俱来的能力，是生而为人的天赋。我们所需要的，只是学习了解、靠近和保持这种与生俱来的能力。

到底怎么做呢？终于到了系统培育正念隆重出场的时刻。

正念不仅仅是一个好主意

眼下正念如此热门，让我们很容易产生如下误解："我懂了！我要活在当下，少些评判。真是个好主意！我怎么自己没想到呢？接下来就会一帆风顺了。没问题！我将更多地保持正念！"

正念是一种存在方式，需要持续地培育。正念的性质决定了培育它的过程会自然延展到生活的各个方面。保持正念是一个好主意，但正念不仅仅是一个好主意。

正念其实很简单，但又并不容易，甚至只是短暂地保持正念也不容易。你甚至可以把它看作世界上最困难也最重要的工作。

直到你持续、规律地修习，也只有通过持续、规律地修习，同时渐渐融入一种温和友善地对待自己的态度，正念才有可能超越想法的层次。否则，它的作用不过是填塞你的头脑，增加你的不满足感，然后变成另一个概念、另一句口号、另一件琐事、另一个塞到你满满当当的日程表中的待办事项而已。

重建联结

当我们切实开始正念修习后，我们会看到一个真正的挑战——修习本身让我们立刻联结到生命的其他维度，这些维度一直存在，但是我们一直无法触及它们。

我有意识地用"无法触及"（out of touch）这样一个与感官有关的隐喻，以强调失去觉察有多么容易，从正念跑到"失念"有多么容易，视而不见、听而不闻、食不知味有多么容易。换句话说，我们可能一辈子都在自动导航，同时却自以为知道在发生什么，以为知道自己是谁，以为知道要去哪里。这就是我们当前的默认设定：没有觉察、漫不经心、条件反射、冥顽不灵的自动导航模式。

这就是为什么培育正念如此必要，又如此具有挑战性。

我是谁？
质疑我们的自我叙事

当我们以一种开放、好奇、系统的方式，开

始质疑和探询我们到底是谁、要去哪里时，事情变得有趣了起来。我们真的清楚确切地知道自己是谁吗？或者我们只是活在自己创造的庞大又好像很有说服力的自我叙事之中，并且从来没有仔细思量过呢？

当我们的故事进展顺利时，我们可能会很高兴，并感觉自己正在全速进军下一个赛道。不过，如果这个故事出现了波折，比如环境发生了变化，或者"我"在生命早期经历了悲伤、虐待、忽视、冷漠，之后的内在叙事中"我"便是有缺陷、无价值、不可爱、不聪明的，其中甚至不再有任何希望。

对这种情况，正念的作用非常简单，它提醒我们，内在的叙事完全建立在想法之上，它们不过是我们自己编造的故事，而我们对这些故事信以为真。在很多情境中，这些故事看起来天衣无缝、无懈可击、引人入胜，换一个情境，它们就变得令人惊恐，或平凡无奇——它们始终纯属虚构。

你的本质超越任何叙事

你可能已经注意到,我们的内在叙事很容易被强化。无论处在故事的哪一个阶段,我们总能从过去找到各种证据来支持我们想要证明的论点:如"我们不够好""我们为什么比其他人都更了解真相",或者任何临时出现的想法或长期持有的信念。

这些努力常常是完全无意识的,只会让我们在自我中心、自我沉迷的故事中越陷越深罢了,而编织故事的原材料就是伴随体验产生的想法。

这些叙事里可能包含真实的元素,但它们绝不能代表完整、真实的你。你的本质,远远超越你为自己建构的故事。每个人都是如此。因此,也许我们需要更宏大的叙事,又或者我们只需看穿所有叙事的内在空洞的本质,即无论其中包含多少真实,叙事并不是终极的解释或真相。我们的生命比想法大得多,比如,在叙事之外还有体验,即你通过感官在此时此刻直接感受到的体验,包括"体会"的感觉,而且,它们都发生在叙事之前。

多伦多大学最近的一项研究显示,在大脑内,与自我相关的不同体验对应着不同的神经网络。每当我们根据自己的体验编织出一个故事时,一个叫"叙事聚焦"(narrative focus,NF)的网络便会被激活。叙事聚焦网络的活跃和大量思考有关,并常常伴随着思维反刍和担忧。当我们安住于此时此刻的体验之中,与身体和当下的感官体验联结,叙事网络的评估活动也暂停时,另一个名为"经验聚焦"(experiential focus,EF)的网络便开始活跃起来。这个研究还发现,受过MBSR训练的人,经验聚焦网络更加活跃,叙事聚焦网络的活动则会减弱。这个例子表明,正念训练确实可以影响大脑处理体验的过程,即正念会改变我们体验与解释生命过程的方式。

这并不意味着经验聚焦网络比叙事聚焦网络高级,实际上这两者对整合、平衡的生活来说都是必要的。不过,当叙事聚焦网络占据主导地位时,尤其在无意识的情况下,它会限制我们对自己、对事物发展的可能性的理解。我们可以把叙事聚焦网络看作一种常见的默认模式,实际上它的别称就叫"默认网络"（default network）[⊖]。一些研究发现，叙事聚焦网络就是在我们"什么也没做"时最活跃的大脑皮层区域。我们越是训练自己与此时此刻鲜活的体验同在，而不飞快地进行评估和评判，我们就越能允许自己全然安住于我们的身体体验，越能把默认设置调整到经验聚焦网络，更持续地安住于当下的体验。

当你开始质疑自己的叙事，开始探询到底是谁在脑海里喋喋不休时，你可能会发现你实际上一无所知！你真的不知道。这个领悟本身就是一个重要的里程碑，它将引领你进入全新的、更自由的与体验同在的方式。但在这个觉醒之旅的早期，虽然已经明白自己的无知，你依然会觉得很分裂——或在相互冲突的故事中拉扯，或被某一阶段的主导叙事控制，固然你对曾经坚信的故事产生了动摇，此刻只会感觉更加混乱……然而这些实际上是很棒的征兆。

你一直是完整的

当我们开始把自己的生活和心看得更清楚、更

[⊖] 另一个常见名字是默认模式网络（default mode network, DMN）。——译者注

透彻时,内心反而会感到混乱和分裂,我们还会发现内心深处长久以来被忽视的、不断受挫的愿望——一种对更整合的生活、更完整的体验、更自在的内心世界的憧憬。谁会不渴望这样的平静和幸福呢?

等等,讽刺的是,在我们渴望完整之时,完整其实已经存在了,它在每时每刻之中,它已经属于我们。如果我们能认识到这一点,也就是在自己的生命里真正地实践和体验这种完整,这近乎一次深刻的"意识翻转"(rotation in consciousness)和觉醒,能让我们领悟这包裹和渗透整个生命的"一体性"。

这种意识翻转就是觉察。正如我们之前讨论的,觉察允许我们去看,并且意识到自己正在看;允许我们思考,并且意识到自己正在思考什么;允许我们体验情绪,并且以智慧慈悲的方式与情绪相处——而不被那些关于我们多么伟大、可怕或有缺陷的故事奴役。这些叙事就像水泥靴子,如果我们相信它们,把它们当作事实而非来来去去的想法,就会在我们自己参与制造的泥沼中越陷越深。

这里不是说,在修习中你"应该"知道(传统和叙事意义上的知道）你是谁，这里的重点是，你能否一遍又一遍地问自己这个问题，并且逐渐对"不知道"的状态泰然处之，或者至少先承认自己并不完全知道。如果别人问"你是谁"，你可能会回答"我是乔恩"或"我是凯瑟琳"，但这不过是你出生时父母给你取的名字而已，他们当初也可能给你取别的名字。如果他们给你取了另一个名字，你还是同一个人吗？玫瑰如果换个名字，闻起来还和之前一样甜美吗？

我们也可能以同样扭曲的方式看待你的年龄、成就和其他所有东西，这一切都不等于你这个人，你这个人更丰富、更神秘、更宏大。沃尔特·惠特曼（Walt Whitman）在《自我之歌》（"Song of Myself"）中写道："我很大！我包罗万象！"

确实如此，我们就像宇宙，每个人都是一个宇宙。我们是无限的。

另一种注意的方式

我们的真实本性可能是无限的，然而，我们常常陷在无意识、未经审视的思维习惯里,用狭隘的方式看待自己。

我们可能无法自拔地认同自己的想法和情绪的内容,认同在对个人体验的好恶基础上建立的关于自我的叙事。正念的力量,恰恰在于重新审视我们生活的基本元素——尤其是我们沉迷于其中的自我认同及它们给我们自己和他人造成的后果——并审视我们采择的观点和立场,我们常常把这些观点与立场等同于我们自己。

正念的价值在于采用一种不同的、更广阔的注意的方式,关注当下一刻接一刻展开的生命真相;在于关注我们作为存在本身的奇迹和美丽;在于当我们用更大的觉察来面对、涵容、抱持生命的时候,关注生命里存在、了知、行动的更广阔的可能性。

我把这叫作"意识的正交旋转"(orthogonal rotation in consciousness)。没什么不一样,但又什么都不一样了,因为我们看待事物的方式已经翻转,我们存在的方式、了知事物的方式已经翻转。

"不知道"

"不知道"并非一件坏事。我们已经看到，这恰恰是初学者之心的精髓。

"不知道"，就是诚实地面对我们的无知。虽然有很多人为此感到羞愧，但它其实并不可耻。当然，我们会害怕在群体或同学面前承认自己"不知道"，因为我们不想看起来很愚蠢。这种感受是社会条件化（be conditioned）的结果。不过，我们还需考虑这一点：所有伟大的科学家都必须先承认他们有所不知，并且将此谨记在心。如果不这样做，他们将不可能有任何有意义的发现，因为新的发现和领悟只在已知与未知相遇之处产生。

如果你完全沉迷于已知的东西，就不可能做出重大飞跃，进入创造力、想象力和诗意的领域，或能够看见事物内在隐藏的规律的维度（在这些规律被揭示之前，我们根本无法知晓它们的存在）。

有准备的心

你可能有过这样的经历：尽管你具备同样有利的条件，却让别人先发现了你没注意到的东西。你可能会问："为什么我没有看见呢？"

也许因为你并没有以某种必需的方式使用注意力，并且只有这样的方式才能让你的心向那个特定的领悟敞开；也许因为每个人都有他们自己的人生轨迹和条件化（conditioning）过程，某种底层的动力决定了他们的注意力在特定时刻是否处于可用和有接受力的状态。路易·巴斯德（Louis Pasteur）有这样一句名言：机会总是青睐有准备的心。

什么是有准备的心呢？这是一种时刻待命的、开放的心态，它知道或凭直觉意识到自己有所不知，它质疑自己内在隐含的假设，它渴望探询，渴望穿越事物的表象和关于事物为何这样或那样的传统叙事，看到更深刻的真相。

属于你自己的真相

你可能看不见别人所看见的,但也许,只是也许,你能看见属于自己的真相。什么是属于你自己的真相呢?

这是一个值得反思的问题,你要把它变成你的人生之问,让它渗入你的骨髓和毛孔,从而指引你的生活。这种探询可以是你一辈子的功课,你要问自己这些问题:"什么是我的人生之道?""什么是我在这个世界上的毕生使命?""什么是我心的渴望?""在这一刻我的身体真正需要什么?"甚至"是谁在修习正念?""是谁在修习正念?"可能是最重要的问题。

然后你也许会继续培育你生命中的这些基本要素,仿佛这是世上唯一值得做的事。也许你还会坚定地告诉自己,事实就是如此。同时,对这些问题的答案会随着时间而变化,也许会变得更成熟。

也许这真相里还包括静止（stillness），包括静默（silence），包括全心全意地行动。有些人把服务他人当作自己的使命，把他人的利益放在自己的前面，如由一代代医师薪火相传的希波克拉底誓言（Hippocratic Oath），可追溯到"医神"埃斯科拉庇俄斯（Aesculapius）和西方文化的源头古希腊时代。

深化

第3章

正念的绽放，始终是培育和整合一个人生命里已有的东西，而不是增加或去除特定的品质。在减压门诊，正念不是一个当你感到有压力就拿来宽慰自己的好主意，也不是一种放松技巧——它根本就不是一种技巧，而是一种存在方式。

没有地方要去，
没有事情要做

在很多亚洲语言中，"心智"（mind）和"心灵"（heart）是同一个词，因此，当你听到"正念"（mindfulness）这个词时，就等于同时听到了"正心"（heartfulness）这个词，只有这样，你才能真正理解和感受正念的本质。

这就是为什么正念也被称为"温情的注意"，也是为什么我鼓励你温和地开始修习，仿佛轻柔地"触摸"正念，并且时时以温柔、慈悲的态度对待自己。

正念不是一种冷淡的、坚硬的、临床或分析性的见证，不是可以奋力争取来的某种特殊的、诱人的心理状态,也不是对心智的碎片与残骸进行分类整理,试图在其中找到金子。如果以这样的心态来认识正念修习和修习的潜在益处,你会感受到强迫、行动、用力的成分。我们也许需要一遍又一遍地提醒自己,修习不是关于行动(doing)的!修习是关于存在(being)的,就像"人类存在"(human being)[○]中的存在。修习就是注意(attending),简单、纯粹的注意。

大乘佛教的经典《心经》提醒我们:没有地方要去,没有事情要做,没有目标要达成。

出自存在的行动

在修习正念的初期,你也许会发现自己常常疑惑:如果我秉持"没有地方要去,没有事情要做,没有目标要达成"的心态,就永远不会取得任何进步。这种心态会让我一事无成,可无论是今天还是

○ "人类存在"是英文"human being"(即"人类")的直译。——译者注

今生，我都有好多事情要做。

我肩负着很多责任！

事实是，修习不是沉溺于空想，不是放弃日常生活；修习不等于不能满怀热情地投入真正有价值的事业并有所成就；修习不会让你变得愚蠢，也不会剥夺你的抱负与动力。

相反，修习可以让所有你投入的行动和你关心的事情，都出自你的存在。在此基础上，你的所作所为将不仅仅是机械的行动而已，它们来自另一个层次的体验，真正贴近你的心。与心的亲密关系是培育出来的，培育的方式就是对注意力的系统训练，这也正是正念修习的具体内容，即一刻接一刻地回到我们的感官体验。此刻我确实没有什么地方要去，我们已然身处此时此刻。我们是否可以全然临在于此？

确实没有什么事情要做。我们是否可以顺其自然，无为而为，只是存在？

确实没有什么目标要达成，没有所谓特殊的"境界"

或"感受",你此时此刻的体验本来就是特别的、殊胜的,无他,只因它们是当下鲜活的体验。

这个邀请的矛盾之处在于:你所祈盼的所有东西,你已经拥有了。

唯一重要的,就是成为"了知"本身,也就是本自具足的觉察本身。

适切地行动

需要有正念,我们才能穿透表象,如实看到在我们的身心和体验里展开的是什么。

需要有正念,我们才能真正听懂我们的病人、同事、朋友和孩子真正想表达的意思;需要有正念,我们才能在无意中说出伤人的话时,捕捉到对方脸上闪过的一丝痛苦,否则,我们可能会盲目地射出伤人的箭,扎了别人的心,却浑然不觉。

正念可以抱持这一切,通过正念,也许你一开始就不会射出这支箭,即使射出了,你也会看到它的后果,并有足够的正直和勇气去道歉:"对不起,我伤害了你"或"那一定很难受,请原谅我"。

如果你能觉察到正在发生什么,你就做对了

刚刚开始修习正念的人,都会想知道他们是否做对了,是否正在体验应该有的体验。

对"我做对了吗"这一类问题,我最简短的回答是:无论此刻正在发生什么,只要你有所觉察,那你就"做对了"。这个答案不太好接受,但它确实是我的真意。而且,你可以去体验你的实际体验,即使你不喜欢它们,或感觉不像在"修习"。这样不但没问题,而且实际上很完美,这就是你的生命在此时此刻呈现的功课。

在修习正念时,你最先注意到的很可能是你自己有

多么"失念"(mindless)。比方说,你决定让注意力聚焦于气息进入和离开身体的感受,你知道呼吸发生在此时此刻,它非常重要,没有呼吸你就不可能活着。在身体上找到呼吸的感觉并不困难,比如在腹部、胸部或鼻孔的感觉。你可能会说:"这有什么大不了的?我就一直聚焦于呼吸好了。"

祝你好运。可以肯定,你将会发现你的心有它自己的生命,而且它并不喜欢听命于你,专注于呼吸或其他任何事物。因此,无论你的意图如何坚定,你还是很可能会发现你的注意力反复分散,忘记了此时此刻的呼吸,沉迷于其他事物(什么都有可能)。以上只是正念修习过程的冰山一角,我们可以从中窥见自己的心的本质。

请记住,我们已经讨论过,注意力的对象(object)并不是最重要的,最重要的是注意(attending)的品质本身。心的散乱——它自行游走,它不断变化,它时而昏沉时而兴奋,它永不停歇地扩展、建构、投射,它缺乏专注——在向你揭示关于你的心的至关重要的信息,它不代表你做错了什么,你没做错!你仅仅是刚刚开始意识到我们对自己和自己的心有多么缺乏了解。

这样一种觉察，远比你的注意力是否在某一刻聚焦于呼吸的感觉更重要。如果我们理解了这一点，心容易分散和不可靠的特性将在任何时刻成为新的、值得关注的对象。

当你的注意力从呼吸上游离，这不是一个错误，也不意味着你是不好的修习者，这只是在那个时刻发生的一个现象而已。真正重要的是你留意到了这个现象。那么，你可以允许它进入你的意识并加以觉察吗？你能够不在它之上添加任何东西吗？这里就是该用到"非评判"态度的时候了。

非评判是智慧与友善的行动

如果你的心每一次游离于当下，你都要批评自己，那你可有的忙了。

也许是时候停止因为没有实现某些浪漫的"灵性"

理想而斥责和贬低自己了。仅仅去留意正在展开的一切，你认为怎么样？在正式练习中，当我们完全忘记关注呼吸的时候，可能会感觉"彻底搞砸了"，这时，可不可以把觉察带到"搞砸了"这个想法本身呢？这个想法本身就是一个评判，它只是又一个内在解说而已。你并没有"搞砸"任何事。你没有问题，你的心也没有问题。这些评判只是你的心对一个体验（即你的注意力离开了选定的对象）产生的反应而已。这样的瞬间还有数百万个、数十亿个。它们本身并不重要，但它们能教给我们很多东西。你是否注意到，不论你的心飘到哪里，不论它被什么占据，至少有短暂的时刻，你总是可以停留或一次又一次地回到觉察里。

在每一个全新的时刻，我们都可以选择去如实地看见正在发生什么［也称"明辨"（discernment）］，而不陷入评判中。评判常常基于一种过度简化、二元对立的思维方式：非黑即白、非善即恶、非此即彼。暂停评判，或者不评判已经确实出现的评判，是智慧而非愚昧的行为。这也是对自己友善的行为，它可以平衡我们对自己过分苛责的倾向。

谢天谢地!
你只能成为你自己

觉察本身就是正念的全部内涵。

正念并不是要达到某个理想化的、特别令人向往或渴望的特殊状态。

如果我们的心开始思索:"只要我修习正念,我就会永远充满慈悲,我就会变成得道高僧或特蕾莎修女那样的圣人"(或无论在那一刻你心目中的精神导师或英雄是谁),那你需要提醒自己,你没有丝毫可能成为特蕾莎修女或其他任何人,你也不会知道他们的内在体验到底是怎样的。

如果你有一丁点儿机会成为什么人,那个人就是你自己。归根结底,正念的真正挑战,就是成为你自己。

当然,讽刺的是,你已经是你自己了。

具身的了知

我们已经是我们自己了，这是什么意思呢？我们如何具身体现这份了知，如何在每时每刻活出它的精髓呢？

当屋漏偏逢连夜雨时，我们还能具身体现这份了知吗？怎么做呢？

在真实的生活情境中，在任何日子里，我们都有可能突然陷入各种各样的情绪反应中，被焦虑、无聊、急切、烦躁、悲伤、绝望、狂怒、妒忌、贪婪、得意、自大、自卑等状态淹没，在这样的时刻究竟发生了什么？

在那个时刻，这些心的微风或暴雨与我们是谁的关系是怎样的？如果希望与觉察场域中的任何现象（天气模式、云层情况、不时出现并扰乱心神的气流）形成更智慧的关系，我们有哪些选择呢？

生命本身提供了无尽的机会，让我们探索自身存在中常常被忽视的方面，其中包括与我们的积极情绪变得更亲密。积极情绪是人类体验的一部分，而且它们的产生并不局限于令人愉悦的情境。

我们也许会问，是否有可能在任何时刻都安住于幸福的感觉之中，体验到深刻的丰盛感，或所谓"终极幸福"（eudaemonia）？如果喜悦、快乐、同理心（empathy）和满足感在我们的生活中充分绽放，会起到什么作用呢？

当风暴与阴霾暂停的时候，我们是否可能觉察到转瞬即逝的喜悦？（风暴与阴霾也是转瞬即逝的，如果我们不去"喂养"它们。）也许喜悦或幸福已经存在了，只是我们忽视了它，或者我们没有合适的透镜，甚至不能在我们自己身上探测到这样的能量流动。

正念邀请我们温柔地拥抱此时此刻，在这个过程中，上述心灵与心智的内在能力与品质得到培育与扩展。一旦它们培育起来，即使在很艰难的日子里，也能为我们所用。

感受为他人喜悦

对他人的慈悲（compassion）和慈心（loving-kindness）是可以培育和加强的。

喜悦、幸福感、对他人的慈悲和慈心，是从我们的心灵和心智中淌出的暖流，而且它们已经存在了。也许它们只是被心的杂草所掩盖，所以没有被注意到、被观察到。我们的心通常很纠结，而且常常充塞着无尽的紧迫的议程。

如果刻意找寻，我们可以认出为他人而升起的慈心和慈悲，也许还有对自己的慈心和慈悲，并且欢迎它们来到觉察的场域。在我们自己身上找到值得慈悲的东西——这通常是最难的部分。不过，不管你相不相信，这些品质其实本来就是我们内在场域的居民。虽然通常它们不被注意，也未经探索，但是只要我们愿意以一种开放和如其所是的态度来对待我们的体验，就可以改变这种状况，就像一个实验一样。

然后觉察就可以成为一扇打开的门,开启我们与我们的情绪生活的所有乐章的新关系——不需要我们特意做什么事,也不需要我们变成一个新的或不一样的人。

多舛的生命

在大部分时间里,我们都发现自己正处在这样或那样的痛苦中,就像希腊人佐巴(Zorba the Greek)所说的"多舛的生命"(the full catastrophe)[一]——这不过是人类的生存状况本身而已,虽然我们常常觉得它在生活中呈现的样子"不应该如此"。但是即使在这样的时刻,我们仍然可以联结到其他维度的体验,尤其是当我们注意到,对我们正在体验的痛苦的觉察本身并不痛苦时。

当然了,这需要探索,以及去看我们最不想看的地

[一] "希腊人佐巴"是电影《希腊人佐巴》(*Zorba The Greek*)中的角色,"多舛的生命"出自该电影中佐巴的台词。——译者注

方。而这正是培育正念的益处之一,也是正念修习背后的意图——帮助我们转向那些我们最想逃离的东西。

对痛苦的觉察是一种痛苦吗

在发现自己受伤的某个时刻,你可能会问自己:"我对痛苦的觉察会让我更痛苦吗?"

在某个痛苦的时刻,你可能会试着去观看此刻升起的实际体验,并且在超过舒适的范围之后,仍然继续这样观看一段时间,就好像把脚趾轻轻放入水中试试水温,同时用心感受此时此刻正在发生什么,并体察觉察的品质。随着练习深入,你可能会不断延长探索的时间,让这种对我们认定为痛苦的体验的探索有机会在觉察中慢慢稳定下来。你可以试着在不同的情况下尝试这种探索,这是一种与不愉悦的、困难的体验和谐共处的方式。

在感到恐惧的时刻,你也可以试试用相似的方式来探索焦虑，你可以问自己这个问题：对我的恐惧、惊悸、担忧、焦虑的觉察是可怕的吗？然后深深地观看和体会。或者，你还可以对疼痛的时刻进行探索，问问自己："对疼痛的觉察本身是痛的吗？"或者"对悲伤的觉察本身是悲伤的吗？对抑郁的觉察本身是抑郁的吗？对无价值感的觉察本身是一种无价值感吗？"。当然，最好在这些感受强烈的时候进行尝试，这样才能避免成为一种理论或概念层面的训练。

我没有说这很容易，也没有说这种练习可以神奇地让事情变好（也不应该是这样），但它是一种以有潜力带来转化和自由的方式来应对巨大的疼痛和伤害的方法。

下一步，你可以试验一下放下所有"我的"，看看会有怎样的感受。也就是说，这些不再是"我的"痛苦、"我的"焦虑、"我的"悲伤。换句话说，放下"自我中心化"——仅仅去觉察它。或许你会发现，在我们全面地探索某个体验时，觉察可以在转瞬之间颠覆我们对这种体验的最深的信念，让我们不只是活在被陈旧过时的思维模式所染指、所强化的习惯性反应里，几乎或根本毫无觉察。

从痛苦中解脱是什么意思

我曾经在中国深圳市拜会一位98岁的禅师，当时我向他解释MBSR是什么，他在和我的讨论中提到佛法，"佛法"（Dharma），就是佛陀关于苦和从苦中解脱的可能性的教诲。

所谓佛法，就是通向"从苦中解脱"的道路。这里说的"苦"，是指在超越我们掌控的自然和人类事件所造成的痛苦的基础上，我们自己又加诸自身的痛苦。

这种"额外"的痛苦，又称"偶然的痛苦"（adventitious suffering），"adventitious"的意思是"来自外在而非内在的""不合时宜的"或"意外的"，其拉丁文本义是"从外界来到我们这里"，其词根"advenire"的意思是"到来"。也就是说，这痛苦并非必然，我们不必被这牢笼困住，我们可以做些什么，可以如佛陀所说完全从这种痛苦中解脱。这一智慧来自他在修习中对自身的体验和之后无数修习者的体验所做的"实验探索"。当我们探索自我，即系统地培育对我们或早或晚会经历的特定的、个人的痛苦（英文中"受苦"（suffering）一词源自拉丁语"sufferre"，本义是"承担"或"忍受"）的正念觉察时，我们会看到，痛苦中确实有很大一部分是我们自己在外界情境带来的痛苦之上额外制造的，而单单是后者，就已经足够可怕了。

我们人生中经历的大部分痛苦，都是我们自己制造的偶然的痛苦。所有的疼痛——生理的、情绪的、社会的、存在性的、灵性的——都是人生的一部分，而且很多时候是无法避免的。虽然疼痛（pain）也许是不可避免的，但伴随疼痛的苦（suffering）是有可能避免的。这句话是老生常谈了，其意思是，我们选择与疼痛之间形成何种关系，带来的影响是巨大的。

我们能看到，从痛苦中解脱并不意味着，只要修习正念，就可以获得免除所有痛苦的通行证。只要你是人，你就有可能受苦，这是人生的一部分，是不可避免的。仅仅是拥有身体，就注定要经历痛苦。同时我们可以看到，对任何事物的依附、执着，都会产生痛苦。因此我们总是会受苦。有时甚至在不知情的情况下，你还可能助长了他人的痛苦。问题是，无论在何种境况下都要探索和友善接纳自己的痛苦，这是有可能的吗？有没有什么公认且实际的方式，可以让我们接近深层的痛苦经历，并且不加重痛苦呢？当痛苦确实在生命中出现时，如果我们可以有意识、有觉察地与疼痛和痛苦相处，这份了知将会带来什么呢？

地狱

在任意一个时刻，这世间总有无数人陷在各式各样的地狱里，经历各式各样的多舛的命运。我们不应该轻视这些痛苦，它们是巨大的，而且其中很大一部分并不是偶然的。

有时，痛苦来自战争或其他形式的暴力，来自丧失、哀伤、羞辱、羞耻、无力感或无价值感，来自被囚禁或者受困于成瘾或盲目。这些地狱本身会加重暴力，有时会导致人们对自己或他人做出可怕的事。

然而，即使在最难以想象的恐怖情境之下，我们仍然拥有一种内在的强大能力，可以用觉察抱持一切体验，包括恐惧、绝望、狂怒，并且以一种不同的方式容纳它们。我们看到，即使在战争中或最艰苦的环境下，仍然有各种各样的善行存在。作为人，我们可以以一种新的、有深刻修复和疗愈功能的方式面对并容纳我们的伤痛、愤怒、恐惧。

这就是正念修习带给我们的东西：与事实相处的一种新方式，这不是一种逃避的路线或权宜之计，而是一种与我们的人性、良善和美丽更亲近的存在方式。

而且，在任意时刻的困苦甚至是恐惧之中，我们都可以识别出一个我们已经一遍又一遍在正念修习中看到的规律——无常，即所有一切（无一例外）都在变化之中，事物不会也不可能永远不变。在此时此刻，我们可以看到，即便身处监狱甚至地狱，我们的觉察本来就是自由的；即使外界环境超出了我们的掌控，觉察仍然赋予我们选择如何在内心对环境做出回应的自由。维克多·弗兰克尔（Viktor Frankl）在其著作《活出生命的意义》（*Man's search for meaning*）中也讲述了这个道理，这本书描述了他在纳粹集中营的经历:"人可以被剥夺所有东西,除了一样——人的终极自由,即人在任何情境之下选择其态度和应对方式的自由。"

解脱就是修习本身

有一位登山者在安第斯山脉遇险——当时他的搭档选择割断了连接二人的绳索,因为搭档认为自己不这么做就会没命——在坠落山崖之后,他别无选择,不得不拖着严重受伤和疼痛的一条腿,向下进入冰缝。在命悬一线的情况下,他没有向上爬的可能,虽然这是他真正想去的方向。在那一刻,他唯一的选择是向下走进黑暗,并且希望自己能够活下来,找到通向安全的出路。

我们的生活中也有类似的时刻——看不到在现实中解决问题或减轻痛苦的一丝丝希望,根本没有其他选择,不得不走进黑暗,在恐惧和痛苦中苦苦坚持。但是,我们以怎样的态度走进黑暗,却有很重要的意义。在这个登山者的故事里，他奇迹般地找到了出路，活了下来。

当我们遭受痛苦时，我们总感觉自己的艰难处境是独特的。这是有充分理由的。正在发生的事情，是发生在我们自己而非其他人身上，并且由于我们非常努力地向自己解释无法解释的事情，便总会形成一个伴随的故事。痛苦可能会突然出现，可能有无数种面貌，可能令人猝不及防，打乱我们丰富的生活和关系、希望和梦想、历史和情结。它可能表示某些东西的终结，也可能代表无法修复的损失。有些事件可以瞬间抹灭所有希望和梦想，撕碎我们的生活，颠倒是非黑白，毁灭美丽可爱的事物。这一点无法否认。

正念修习正是给我们提供了与这种叙事中显示的艰巨、悲惨和复杂剧情相处的方法，即使现状看起来让所有人都无能为力。它邀请我们心甘情愿地、一次又一次地直面我们的无助、犹豫和绝望，让我们转向我们最想逃离的东西。它邀请我们接纳那些似乎不可能接受的东西，尝试去拥抱事物的本来面目，同时对自己心怀友善。这是一项需要大量时间才能不断加深的修习。

我们在觉察和接纳中拥抱正在发生的一切，因为我们已无其他切实可行的、明智的选择。拥抱不等于被动屈服或投降，而是与正在发生的、已经发生的和不可知的未来之间建立一种更明智的关系，并且只在那个时刻我们力所能及的范围内进行。

这里面有力量，这里面有一种安静的尊严。它既非矫揉造作，也不是被迫的结果。它不是对某种特殊存在状态的浪漫理想化，不是某种具体方法或技术的体现，不是哲学观念的运用。它是一个人，或一群人，或一个社会，以全然觉察的姿态挺立于世事的艰险之中。正念修习真正培育的是一种意愿，一种安住于未知的意愿，安住于对已知和未知的觉察之中的意愿，根据此时此刻的实际状况和需要加以恰当回应的意愿，同时无论身处怎样的环境，都以友善之心对待自己和那些最需要我们的温柔和清醒的人。

这就是从痛苦中解脱的方法。解脱就在修习的过程之中，在我们栖身于未知的每一刻。在这样的时刻，即使内心的叙事大声叫嚣前路只有绝望和失败，我们也能采取行动。甚至有时候我们真的迷失了心灵，但在下一刻，或当准备好的时候，我们可以一次又一次地重新开始。我们可以一次又一次地回到内心深处的某种依靠身边，那里稳定、可靠、完整，但那并不是实际存在的某种事物。

心智的自我认识之美

我们可以说，世上所有最伟大的艺术、文化和科学作品，全世界的博物馆和图书馆的馆藏，以及在音乐厅中和在伟大的文学、诗歌作品中呈现的内容，都出自人类的心智。它在某种程度上了解自己，或至少对探索已知和未知间的界限感兴趣。

纵观人类历史，所有最残忍恐怖的暴行，人与人之间或者群体、国家、部落之间或其内部的杀戮斗争，也出自同样的人类的心智，只不过是源于其对自身的无知，源于其拒绝认识自身与整体的关系，反而无所顾忌地选择狭隘的自我利益、贪婪、敌意、妄想、暴力、失念，而非觉察、正念、联结、合作和友善是当我们更有觉察、更用心地看见、了知和存在时，自然而然地产生的。

我们已经看到，我们有无数个机会，走出思维的陈旧叙事，摆脱情绪、想法、观念、喜好的绑架，安住于觉察之中。

我们的觉察有能力解放我们，至少在某个不受时间制约的瞬间，让我们从想法和情绪中有害的部分与习惯驱动的痛苦之中解脱出来——这些痛苦往往就是由未经觉察看见、检视及接纳的想法和情绪造成的。

照顾你的正念修习

> 修习，就是培育一种毫不畏缩的、欢迎的姿态，无论此刻发生什么，都全心接纳它进入觉察。

培育（cultivation）在巴利文里叫"bhavana"，是一个农业用语，它意味着埋下种子、浇水、保护，静待发芽。你确实需要保护种子，因为它们可能会被鸟偷吃、被牛踩坏、被雨水冲走，这就是为什么农田和刚刚形成的果园、种植园周围，一定得有篱笆和排水沟。

所谓正念的种子，是指一种潜能，就像种下一颗橡子，如果有规律地浇水、小心呵护，它就有可能长成参天大树，枝条茂盛、绿叶成荫，成为抵御外界伤害的庇护所。

因此，你需要好好照顾你刚刚开始的修习，尤其在最初的三四十年。修习的习惯非常宝贵，同时，它很容易被每天各种紧迫的要求和你自己的心智所践踏或冲垮。

修习中的能量守恒

如果你刚刚开始修习，你可能要留意自己与他人谈论修习或随意地提起你刚刚开始修习的冲动。

这样做，很容易消解你的能量。如果他人没有积极响应你的分享，或者以任何方式轻视你的想法，虽然他们可能不是故意的，你仍然可能感到泄气，从而损害练习的积极性。只有在建立足够稳定的练习规律之后，你才能有效抵御他人看法的影响。

另外，如果你对修习热情高涨，认为它非常有效，这会形成一个习惯，很快你会浪费你仅有的一点精力去讨论你的修习"经验"、你了不起的"见解"和正念神奇的疗愈力，而不是去练习。这样做的风险是，你很快就没时间练习了，你会卷入关于修习的故事，而不是正在发生的修习体验本身。当然了，这不过是"自我中心化"的又一次呈现，只是这一次围绕正念这个主题而已。心智构建和强化某种认同的努力总是令人应接不暇。

出于以上原因，在你特别有冲动跟别人诉说你的修习经历时，对你想要诉说的对象和你实际说的内容，都需要特别留心。如果你能找到至少一个人（最好是修习经验比你丰富的人，至少是修习时间比你长），与其仔细讨论你的修习体验，将很有帮助。除此之外，你只需和有兴趣的家人朋友进行必要的解释即可，与无关之人的讨论越少越好。这样，你就不会浪费你努力调动的初生能量，这些能量将为你无论寒暑都坚持正式练习提供必要的动力——相当于你把节省出来的能量重新投注到修习中去，滋养你与静默、无为不断成长中的关系。

你正在用你的生活方式、你的行动和你的态度来表达你的存在，而无须编织故事以取悦他人，甚至也无须取悦自己。

不伤害的态度

正念的培育是有道德基础的。正念对待现实的态度是充满慈悲的，并且从慈悲地对待自己开始，而这首要的基本原则是不伤害（non-harming），或梵语的"ahimsa"。

在每时每刻，正念邀请你以开放、慷慨、友善的态度，为了你自己，与你自己的真实样貌同在。我们已经看到，非评判的意思，就是不要在每一次达不到自己设定的标准时就自我批评，那些标准通常是不现实的。这样一种对自己的斥责本身也不符合"不伤害"的精神。

当我们把不伤害作为修习正念的核心动力和基础时，它会让我们以一种截然不同的视角来看待我们与自己各色各样、短暂又痛苦的心理状态之间的关系，看待我们的全部生命在每一刻的呈现,并发现我们最深、最重要的需要可能是什么。

不伤害也是医学领域的希波克拉底誓言的核心,原文是"Primum non nocere",意即"首先,不伤害"。这是医生在结束培训、正式入职时的誓言。如果你对自己也培育起这样的态度,那么当你坐在椅子或垫子上修习的时候,你就能自在地安住在觉察之中,不需要去到别的地方,也不需要体验到特殊的感受。

因为正如我们已经知道的,此时此刻已经很特别了。

贪婪:不满足的链条

佛教徒把不健康的、有潜在破坏性的心理状态称为"毒",并且把这些"有毒"的心态分为三种。

第一种"毒"是贪婪。贪婪是获取你渴望的东西的冲动。说贪婪"有毒"似乎太重了点,不过如果就事论事地看,这是一种看待我们自己行为的很有益的视角,它让我们对自己的冲动、行为和行为的后果更有觉察。

我们总是在抓取想要的东西。有时候是小贪——想要更多的食物、存款、爱;有时候是巨大的饥渴,无论多么努力也无法得到满足。不过无论是大是小,如果不能得到当下渴望的事物,我们就会感觉有所缺失、心情低落或自怜自艾。

当然了,我们真诚地相信,如果我们得到了缺失的那个东西(无论那是什么),我们就会再次感到完整。某种程度上说这是真的,这确实感觉不错……直到缺失感再次出现,然后我们继续抓取更多,直到我们得到下一个东西。这是一个永无止境的不满足链条的开端。贪婪是加强版的执着(clinging),一种被佛陀称为苦之根源的倾向。当贪婪正在运作时,我们总是有一种缺失了什么东西的感觉,仿佛只有拥有那个东西,我们才会完整。

我们都能识别出这一模式,不过我们总是看别人清楚,看自己难。这并不意味着不能对事物有所渴望,或者我们不应该有目标或雄心,这只是提醒我们,如果我们能觉察到自己对欲望的依附,并且通过觉察调节我们的思想、情绪和行为,我们将减少给自己和他人制造的痛苦。

这说起来容易,活出来难。

嗔恶:贪婪的反面

第二种"毒"是仇恨或嗔恶(aversion),是贪婪的反面。它同样生发自我们对欲望未经检视的依附,不过它是渴望事情与实际情况不一样。

嗔恶生发自你不想要、不喜欢、想逃离、想回避、想要推开或希望它们消失的任何东西。所有我们不想要的东西,都可以归在嗔恶这一类别之中。嗔恶处于许多剧烈情绪的核心:生气、仇恨、狂怒、恐惧……也是许多较轻微的情绪的核心,如烦躁、怨恨、不满、气恼等。

如果注意留心一天之中嗔恶之心的每一次探头,我们将发现一个重要现象,即不悦之情会随时在以下情境升起:别人说了什么不恰当的话;没有用你习惯的方式把碗放入洗碗机;存放工具的方向反了(依你的意见,倒着放明显才是正确的保养方式);今天的天气不合你的心意;别人指控你做了什么(不管多小的事)而你实际上没做,或者批评你没做什么但你实际上做了;你在乎的人没有为你做的好事给予你应得的赞许。

那些一再在我们身上激活嗔恶收缩反应的情境,如果你准备好接纳它们,它们就是上天赐予的礼物。它们给我们提供了无限的机会,让我们看清自己——以为真正的幸福取决于事事如意;固执又无意识地想要事情如我们需要的方式进行;以为世上每个人都应该准确地知道你想要、需要被怎样对待。

在这些例子里,你能感受到"自我中心化"在涌动,以及内在的叙事可以变得多么有害。当你能够反思自己与不喜欢的任何事情的关系(无论多小的事),并看到你是如何把每件事都变得与自己有关时,在涌入你心智的无数故事里,毫无疑问你都可以找到"自我中心化"的影子。

这样一来,对嗔恶之心的正念就有了深刻的疗愈性,因为它给我们提供了一个方式,至少能暂时地消解我们在不知不觉中施加给自己的自动化无意识反应的束缚。一点点觉察，即使只是后知后觉，就能让我们看见，我们在这样的时刻也是有选择的。它提醒我们，我们不必成为嗔恶之心的无期囚徒，我们可以反思刚刚发生的事情，以及刚刚的情绪反应是否真的有效。它还提醒我们，当下一次机会到来时（通常来说很快），我们要记得看得更清楚，并且在事情未按我们预想的方式发生时，允许自己去体验身体上随之而来的那股紧缩的能量。我们可以有意识地选择允许激荡的能量在那一刻升起，走完它们复杂的过程，然后如蜡烛燃尽时的一缕轻烟般消散。既不把那能量视为自己的问题，也不试图控制当下的体验。

这并不意味着，我们不可以在有害或危险的情况下采取有力的行动。以坚定勇敢的姿态面对有害和危险的情境，恰恰是完整、清醒、充满关爱的生活方式的密不可分的一部分。实际上，在特定情况下，这正是我们的清明、智慧和慈悲在当下必要的、具身的呈现。

不过到了那个时候，这些行动将不再属于个人，而是成为我们的整体性的体现，也是无分别心（no separation）的修习的自然延伸。

愚痴与自我实现的预言陷阱

第三种"毒"是愚痴,是智慧的反面。愚痴就是不能看到事物真实的样子,因此也常被称为错觉(illusion)。

愚痴和错觉产生的原因,是不能清晰地了解和理解不同的事件和事物之间的复杂关系,也因此意识不到实际正在发生什么。相反,我们生活在自己关于此刻的叙事泡泡里,常常混淆原因和结果,被囚禁在错误和扭曲的思想和情绪之中。

我们未经检视的、扭曲的故事线,常常会成为自我实现的预言。如果我们想要支持某个观点,就总能找到相应的证据,甚至可以罔顾事实去相信它们。这就是愚痴,在社会领域比比皆是。

此刻永远是对的时机

在贪婪、仇恨和愚痴之间，有很多值得注意的地方。我们可以从自身开始。不需要批评任何人，也不需要批评自己，或认为这是自己的过错。

最关键的是，仅仅去观看这些心理状态不断上演，看到它们在身体上产生的反应，并且一刻接一刻地去体验这些身体感觉。我们已经知道，有待觉察的事物与现象很多，这也是为什么正念蕴含如此巨大的转化性力量、疗愈力量，能够指引和帮助我们真正成为自己。

这种能力不仅在当下，更在整个生命周期内都随时可用。无论你在什么年龄发现正念修习，或听到"正念"这个词，并对它感到亲近或有兴趣，都不重要，真正重要的是它预示的出路——重新拥有你的生活，或更准确地说，把生活还给自己。这在任何年龄、任何时刻都有可能发生。

当下永远是对的时机,因为这其实也是唯一的时机。看看你的表或钟,你就知道了。

不可思议!

怎么会这样?

现在又来到"当下"了。

真正的功课:就是此刻

我们永远在"当下",而且,这趟名为"活着"的冒险(正念在其中起着关键的作用),其核心"功课"永远是当下正在发生的一切,无论我们是否喜欢它们。

此时此刻无论发生什么,都是为了把我们从贪婪、仇恨和愚痴的镣铐中解救出来的功课。无须美好浪漫的童话故事来告诉我们什么是最好的,我们最需要的一切其实已经有了:在我们唯一拥有的时刻——此时此刻——事物的本来面目。

领会当下正在发生什么,以便把我们自己从心智的无意识习性之中解放出来,其关键在于能否抓住心把正在发生的事情标记为愉悦(如果是愉悦的)、不愉悦(如果是不愉悦的),或者既非愉悦也非不愉悦的那个瞬间。这是我们理解被关注到的任何对象的最基本、最重要的滤镜。如果我们能对这一无意识、自动化的评估机制保持觉察,那么下一刻,无论是内心体验还是实际生活,发生的一切都将不同。

"愉悦"的定义是,我们渴望与正在关注的对象之间的关系得以持续,如果不能持续,我们就会感到痛苦。我们想要更多,因此,如果我们不能单纯觉察"愉悦"的品质本身,并让它如实安住于觉察之中,我们就会很轻易地陷入贪婪。

"不愉悦"的定义是,我们渴望此时此刻的体验结束,如果它持续,我们就感到痛苦。如果我们总是自动推开某种体验,或试图缩短其持续时间,我们就已经落入了嗔恶之心。

"既非愉悦也非不愉悦"的定义是,此时此刻的体验没有上述特点,因此我们一开始很难觉察到它们。如果某种体验既非愉悦也非不愉悦,我们就很容易忽略它,从而轻易地滑入与之相关的愚痴、无知和错觉。

因此,对任意时刻的愉悦、不愉悦、中性品质的正念觉察,是不陷入贪婪、嗔恶和愚痴的关键,或能够让我们从中尽快抽身而出——因为我们总是不可避免会一再陷入其中。当正念与某个对象在我们的体验中相遇,我们便能暂时终结不必要的、偶然的痛苦,因为痛苦不在于体验的愉悦或不愉悦,而在于嗔恶和贪婪,也就是执着与自我认同之中。

只要觉察了知当下正在发生的真相,所有这些可以在瞬间消解,就像肥皂泡,轻轻一碰就消失不见。

即刻从痛苦中解脱。

即刻从贪婪、嗔恶和愚痴中解脱。

至于下一刻,当然,已来到此刻。

把生活还给自己

在减压门诊,很多病人告诉我们,通过参加MBSR课程,正念把生活还给了他们,为此他们非常感谢我们。

从一定程度上说,事实确实如此,不过我们通常指出,同样真实甚至更加真实的是,我们其实没有给予他们任何东西。病人无论获得什么益处,都是他们自己努力修习正念的成果,来自团体中其他伙伴给予的启发和支持,来自他们自己投入修习的意愿和持续修习的自律,来自他们本自圆满与完整这个事实。

正念的绽放,始终是培育和整合一个人生命里已有的东西,而不是增加或去除特定的品质。在减压门诊,正念不是一个当你感到有压力就拿来宽慰自己的好主意,也不是一种放松技巧——它根本就不是一种技巧,而是一种存在方式。

因此,尽管有成百上千种不同的修习技巧,修习本身却根本与技巧无关。

在被充分理解并恰当使用的情况下,技巧也仅仅是唤醒我们、帮助我们看见当下真相的有效工具,是帮助我们更智慧地与当下共处的有效工具。

把正念带给世界

一旦你建立起稳定的正式练习基础,并把生活本身当作真正的老师和真正的修习,你可能会发现自己拥有天赋的创造力和想象力,而它们自会找到各种方式,把正念修习带进生活的不同领域。

如果你是一个老师,你可能会发现,教学生如何集中注意力,并鼓励他们在学校和家里培育对身体、想法和情绪的觉察,会非常有益。你可以把这看作教学生调试乐器,以便乐器在真正演奏时能够良好地工作。这里"调试"的是学生的学习、创造力及社交能力,"演奏"即各种形式的学习、探询、调查、想象，在日复一日甚至持续终身的修习中，这二者不断相互强化，"音乐"也越来越生动丰富。

参加由经验丰富的老师教授的正念课程，可以增强儿童、青少年和青壮年的情绪平衡能力和智能，提升他们的抗压复原力、社交能力和合作性，而这些恰恰是我们对有见识、负责任的公民的期待。许多大学教授在开发创造性课程时，已实验性地加入正念修习元素，并在广泛的人文、科学范围内探索各种静修传统的创新应用。

因此，如果你是一位老师，无论是幼儿园老师还是研究生导师，在你的工作和职业的诸多领域，正念都是你的宝贵盟友。正念还可能会满足你的一些深层需求，如对真实、联结、创造力等共通人性的渴望。如果通过培育正念，我们在课堂上、作业中感受到更多对学习的热爱和探索的激情，那会多么令人满足！这本就是我们为人师表的使命。

出于相似的原因，正念可以成为所有职业的盟友。绝大部分基于绩效的工作都会从正念觉察中获益，因为对核心要素的觉察会提高生产力和员工满意度。现在，所谓的《财富》世界100强和《财富》世界500强企业都运用正念培训来优化团队的工作表现，以及促进员工具身体现领导力、创新性、创造力、情商和有效沟通能力。

再说回家庭，正念融入养育（不论是养育新生儿、幼儿还是少年儿童）将为我们提供更广泛、更有力的选择，在滋养孩子的同时，还能支持我们自身持续成长。类似的领域还包括正念分娩、正念养老、正念体育和娱乐、正念法律和社会服务等。

所以，无论你的工作是什么，无论你的激情在哪里，你都会发现正念带来了新的方式，助你提高工作效率、增强工作热情，并滋养你内在的创造力，满足你对真诚、友善的人际关系的需求。经过深刻的反思、持续的修习和实验，这些推动力有可能会结出果实，给世界带来或大或小的改变。在这个意义上，在被称为"人类"的复杂交互网络里，我们每一个人都是智慧和转化、领悟和疗愈、创造力和想象力的化身。

在短暂的人生里，我们有足够的时间负起责任，跟随我们的心和内在的智慧，选择自己与当下和未来的关系。我们有机会以自己的方式全心全意地投入这场持续的冒险之旅，去探索未知的世界和各种可能性。

成熟

第4章

我们可能需要一次又一次、一刻接着一刻地重新唤起初学者之心,因为我们的想法、观念和专长很容易蒙蔽我们,让我们识别不出自己不知道的东西。我们已经看到,安住于对"不知道"的觉察之中,对于头脑清明、具有创意地看见,对于诚实地生活,是至关重要的。

正念修习的态度基础

正念修习除伦理基础之外,还有一个互补的态度基础。

其实我已经在讨论注意力的情感品质和对自己温柔、不评判的重要性时,间接谈到了态度基础。其实态度不止七种,但有七种态度是基础性的。其他态度,如慷慨、感恩、宽容、体谅、友善、慈悲心、喜心、平等心等,都是通过这七种态度培育而来。这七种态度是:非评判、耐心、初学者之心、信任、不用力、接纳、放下。

非评判

我们已经看到,如果我们要避免受到我们对几乎所有事情自动化的、通常未经审视的想法和观念的影响,非评判的态度为什么非常重要。当你开始注意你的心里正在发生的事情,你会很快发现它们基本上就是各式各样的评判。意识到这一点是好事,不必评判你的评判,或试图改变它。仅仅是看见就足够了,然后真正的辨别力就会出现,即如其所是地看见事物。"不知道"就约等于不评判。如果我们不必立即什么都知道,我们就有可能随时以新的视角来看待事物。

因此,当你开始跟随引导进行修习时,留意你的各种评判升起得有多么频繁。你仅仅需要认出它们。

耐心

我们总是试图去别处。我们有一种强烈的需要,就是想去到一个更好的时刻、更好的时代，到那时一切将如我们所愿。我们很容易变得不耐烦和急切。当然，这会阻碍我们体验我们已经存在的这一刻。经典的例子是，一个孩子喜欢蝴蝶，想要蝴蝶快点破蛹而出，于是他天真地剥开蝶蛹，完全不明白事物有它们自己的发展规律。

在修习正念的过程中，耐心是很重要的态度，因为从本质上说，正念修习本来就是为了超越时间。我们谈论此时此刻，就是在谈论当下，就是在谈论"钟表时间之外"的一刻。我们都拥有这样的时刻。实际上，这就是我们拥有的全部，然而我们忽视了其中的大部分，只在极其罕见的情况下，我们能体验到那样的一刻，时间仿佛为我们而停止。

不过实际上，通过正念修习本身，我们可以习得（learn）超越钟表时间的方法，体验当下这一刻的永恒性。这会让我们在生命中拥有更多时间。为什么呢？因为如果我们觉察并安住在每一刻，就相当于拥有了在此刻到我们死亡之前的无穷无尽的时间。这对生命来说足够了。因此不用着急，我们可以不断提醒自己这一点，从而具身体现更大的耐心。

初学者之心

我们已经了解了这个态度的价值。我们可能需要一次又一次、一刻接着一刻地重新唤起初学者之心，因为我们的想法、观念和专长很容易蒙蔽我们，让我们识别不出自己不知道的东西。我们已经看到，安住于对"不知道"的觉察之中，对于头脑清明、具有创意地看见，对于诚实地生活，是至关重要的。

在你初次接触本书时，你也许仍然保有初学者之心。不过过不了多久，应该说不可避免地，你有时会失去初学者之心。

也许，随着持续的修习和阅读，你会认为你对修习已经所知甚多。当这种心态出现时，你可能就已经暂时失去了初学者之心。因此，更明智的做法是谨记"任何人对修习都所知甚少"。如果你遇见资深的僧侣，他们一定都会告诉你，他们懂得不多。他们总是展现出极大的谦卑和随和。这就是初学者之心的表现。一位禅师有一句名言，他把自己40年教学的经验形容为"在河边卖水而已"。

初学者之心是一种态度,而不是说你真的什么都不懂。它意味着你在那个时刻虚怀若谷,不被你已知的观念和经验所束缚,开放面对未知的广阔。

想一想小孩子,他们的美和喜悦常常就来自他们鲜活的初学者之心。作为成年人,我们面临的挑战是能否真正去和每一个时刻相遇,并发现其中的新鲜和有趣——毕竟我们以前从未见过"现在这一刻"。如果你持有"我已经见识过某一刻或某一次呼吸,就等于见过所有时刻和所有呼吸"的心态,那么,修习正念会让你感到非常无聊。当然了,即使真是如此,也不代表修习之路就此终止,你仍然可以,比方说,觉察你在观呼吸、观想法时有多疲倦。而且像我们之前讨论的,在那觉察之中,你可以问自己:"我对无聊的觉察,是无聊的吗?"如果你仔细探索,答案很可能会是"根本不是"。你的觉察不会被无聊所劫持。

事实上,有了初学者之心,无聊也能变得无比有趣。当你观察它的时候,你会发现它会变成更有趣的东西,另一种心理状态。实际上每一种心态都是如此,包括那些碾压我们、让我们恐惧到甚至不承认自己体验到的感受:"谁?我?恐惧?害怕?紧张?不是我!"你从中听到"不是我"的故事了吗?它恰恰就是"我"的故事。

信任

正念的第四种基础态度是信任。同样,这不是在兜售廉价的鸡汤概念。我们可以问一问:什么是值得信任的?我们能否信任我们知道的东西?我们能否信任已知自己不知道的东西?我们能否信任事物有自己的发展规律和进程,因此我们不需要控制所有事物或任何事物?当面对他人的质疑时,我们能否信任自己的直觉?我们能否信任我们是自己的主人?

换句话说,你能否信任自己的思维?你能否信任自己的想法和观点?它们通常不可靠,因为我们很容易产生错觉、误解或对事实进行扭曲。也许你认为真实的事情,只是部分真实。难道不是吗?我们难道不常常先入为主地相信自己的观点绝对正确并无视新的可能性吗?

如果不能完全相信自己的思维，那么能否信任觉察？能否信任你的心？能否信任自己至少并不愿意造成伤害？能否信任你的切身体验，并在发现它与事实不符时，就转而信任这一新发现？

我们能否信任自己的感官？你知道，所有的感官都可能被欺骗，因此我们也许不能完全信任感官或表象。即便如此，我们还是可以试着训练自己，与感官稍微多一点儿联结，看看是否可以与感官传递给我们的信息建立更亲密的关系。当然，这就相当于信任自己的身体。

你能否信任自己的身体？你是否信任自己的身体？如果你的身体过去或现在患有癌症，你仍然有可能信任它吗？你能否找到这样一种感觉，即无论你的身体面临何种问题，它对的地方还是远远多于错的地方？也许，信任的态度可以调动你身体中对的部分，让你即使不知道未来会如何，也尽可能活得充实饱满。我们可以信任这"不知道"吗？也许有时候可以，有时候不行，有时候不知道。而这"不知道"本身，就可以是值得信任的东西。

不用力

正念的第五种基础态度对美国人来说很有争议——不用力。不用力？什么意思？听起来太颠覆了（即使对非美国人来说也是这样）。我们就是传说中的"实干家""大忙人"，人类应该被重新命名为"人类行动家"（human doers）。我们的文化十分推崇行动，在乎不断进步，永远需要目标。因此，正念修习中的概念"没有地方要去、没有事情要做、没有目标要达成"看起来多少有点奇怪、神秘甚至像舶来品，与美国文化中强调努力和永远追求更好的气质多少有点不符。

不用力，与此时此刻或"当下"的无时间性紧密相关。在正式练习中，当我们安住在此时此刻时，我们确确实实没有地方要去，没有事情要做，没有目标要达成。正念修习与你做过的任何其他事情都不同，不像学习开车，一旦你学会了，它就变成一种自动化的、无须思考就可以使用的技能。这也许就是美国每年有5万起致死交通事故的原因。每时每刻可能都有很多司机根本"不在"车里，而是在别处。我们开车的同时可以心不在焉,注意力或多或少会用来打电话或听广播。即使你没在打电话或做无关的事,你的心总有一部分迷失在思维中,进行着自我对话。因此,如果开车的人是你,你最好和自己通个话——通过你内在的"正念网络",提醒自己与面前的挡风玻璃之外发生的一切保持联结,一刻接着一刻。

不用力非常重要。它要你意识到你已经处于此地,没有地方要去,你要做的仅仅是醒着。它不是要你在喜马拉雅山的岩洞里静坐40年,或追随权威的老师,或做一万个大礼拜,又或做其他什么事,就一定会让你变得比现在更好。实际上你很可能只是变得更老而已。当下发生的就是重要的。如果你不留意当下,正如16世纪的印度诗人迦比尔(Kabir)所说,"你将会卒于死亡之城(City of Death)⊖的一座公寓"。诗人T. S. 艾略特(T. S. Eliot)在他最后的也是最伟大的诗作《四个四重奏》("Four Quartets")中写道:"荒唐可笑的是那虚度的悲苦的时间,伸展在这之前和这之后"。⊜

⊖ 结合原诗全文推测,指迦比尔认为人们死后会去的地方。原诗的英文标题为*The Time Before Death*,供读者参考。——译者注
⊜ 此处采用汤永宽译文。——译者注

仅仅是稍微提醒一下自己"就是此刻",我们活在此刻、活在此地,就会有很大不同。事实上,我们已经看到,我们渴望到达的未来已经到达。就是此刻!这一刻就是你过去人生里无数时刻的未来,包括那些你思考或幻想未来的时刻。你已经到达了未来,它的名字是"当下"。你与当下这一刻的关系,也会影响下一刻的品质和特点。这样一来,你就可以通过关照此时此刻来塑造未来。这是一个多宝贵的机会啊。

活着的目的是什么?仅仅是去到别处,然后意识到你仍然不快乐,之后又想去一个新的地方吗?如果我们不留心,就会以为更好的时光永远在不远的将来:等我退休,等我高中毕业,等我大学毕业,等我赚够了钱,等我结婚,等我离婚,等孩子搬出去……就在此刻!此刻才是你的生活。你所拥有的仅仅是此刻,其他的一切只是回忆(也在此时此刻呈现)和期待(也在此时此刻发生)。这一刻与任意另一刻一样好。事实上,这一刻是完美的,完美地呈现了它本来的样子。所有你认为不完美的事物也是如此。

正如我们已经看到的,不用力,绝不是说你不知道如何完成很多事情。很多长期正念修习者都以各种方式,在不同的工作和领域内，取得了很多优异且重要的成就。真正的挑战，是我们的行动是否（至少在一定程度上）来源于我们的存在。这本身就是一种艺术：清醒地、有觉察地生活的艺术。我们也会再一次认识到，生活本身成了真正的修习。

这里不是要理想化正念修习，修习本身是非常真实且混乱的，它也不等于达到某种特殊的极乐或宁静的状态。修习永远存在挑战，它正如生活本身那样，永远向我们揭示新的、细微的自我认同和执着。修习是艰难的。

然而，没有正念的人生将更艰难，问题更多。至少，有意识地过有觉察的生活，让我们有机会在每一个时刻重新开始，向着更平衡的情绪、更平衡的认知、更清明的头脑和心灵前进。它还是一种处理关系的能力，我们越是具身体现正念，就越容易和家人及周围的人相处。

接纳

接下来是第六种基础态度：接纳。这种态度非常容易遭到误解，人们可能会以为这意味着，无论发生什么事情，他们都"只要接纳就好"。其实完全不是这个意思。

我们已经看到，尤其是在恐怖的事件和环境中，达到接纳是世上最困难的事情之一。接纳的终极含义是，意识到事情实际上是怎样的，并与之建立更智慧的关系，然后采取清醒适切的行动。

接纳与被动放弃完全不是一回事，简直风马牛不相及。如果事情将会变得一团糟，那么这种了知，即对事情将变得更糟这一状况的觉察，可以让你找到立足之地，为下一步采取适切的行动找到方向。但是如果你看不到也不接受事物真实的样子，你就不知道该如何行动。你可能会被恐惧压倒，或者在最需要清醒与平静的时候，被恐惧遮蔽了心智。即使难以获得清醒与平静，至少要能够觉察到恐惧，以便找到应对它的方式，而非被它所控制。因此，接纳本身就是整个宇宙，是一辈子的修行。

比方说，你患有慢性背痛，并不断告诉自己："我这辈子算完了。"也许你不断回顾自己开始背痛之前的日子，认为背痛"毁掉了我的生活"。这种想法可能有真实的成分，但你能否看到，这种态度本身会关闭当下和未来生活的可能性？你能否看到，这种态度建构了一个狭隘的故事，束缚你，并且很可能让你陷入抑郁和绝望？这个故事会自我强化、自我存续,无穷无尽,也看不到明显的改变。这一连串想法的洪流,就叫"抑郁反刍"(depressive rumination)。这绝不是一条值得追求的健康路径。

想象你只是体验这一刻,你正在经历的此时此刻,用觉察抱持它的实际面貌,包括你体验到的任何不舒适。你能否看到,现在,关于你的故事不再狭隘、局限、僵化?这个故事可能依旧存在,可能依旧部分真实,但是现在你有了一个更大的故事,这个故事有更大的格局,允许更多的可能性。你能否看到,如果你能接受事物在当下的面貌,下一个时刻便已经有所不同?你能否看到它立刻就会从我们施加于自己的片面叙事中解脱出来?修习能够带我们回到当下身体的感觉。修习的基础是体验、身体的感觉和此时此刻。修习是慷慨、有智慧的,它对可能性开放,对"不知道"开放。

在我们的定义里,接纳是一种人生智慧的体现。接纳此时此刻正在展开的事情,尤其是让你特别不舒服的事情,是很不容易的。但是你可以看到,带着接纳的觉察,能够立刻让我们从头脑的叙事中解脱。头脑说:"必须达成这些前提条件,这一刻我才能感到快乐。"这一倾向让我们不懈地执着于概念、观点和想法,然而执着是接纳的反面。我们要求事物必须精确地按我们的需要来呈现，这样我们才能快乐，甚至才愿略微觉察此时此刻。当我们放下这一执着，当我们能够在觉察中抱持正在展开的任何体验，包括愉悦的、不愉悦的、中性的体验，允许事物以它们本来的样子（无论是什么样子）存在，顷刻之间，如其所是、全然屹立于此时此刻就成为可能。我们发现，这一意识的翻转，就是自由本身，这一时刻就是解脱的一刻。这一时刻来自接纳，但又不仅仅是接纳。它绝对不是被动放弃，也不是自暴自弃任人踩躏。它只是真正看见事物的真相，知道到底发生了什么，或者知道自己有所不知而已。

然后在下一刻，如果适合行动，就行动。不过你的行动将是出自正念，或正心，或情绪智慧，而不被你对不能接受的事情的感受所劫持。即使你不行动，或者你的行动不像自己希望的那么正念，你也会从中有所学习。

围绕某些议题，接纳可能需要很长时间，这里主要是指那些艰难的、创伤性的议题。有时你可能不得不经历一段时间的否认，有时你不得不体验生气或暴怒，有时你不得不面对和接受丧失。但终极的挑战是："我能否接纳事物的本来面目，一刻接着一刻？""这一刻，我是否能接纳事物的本来面目?"。

放下

最后一种正念的基础态度是放下。放下的意思,就是允许存在。放下不意味着推开事物,或强迫自己放开我们执着的东西、我们强烈依附的东西。相反,放下类似于不依附(non-attachment),重点是不依附于结果,即我们不再牢牢抓取我们想要的东西、我们已经产生执着的东西、没有就不行的东西。放下也意味着不再执着于我们恨的对象,即引发我们强烈嗔恶之心的东西。嗔恶其实是依附的另一种形式,一种负面的依附。嗔恶中有一种排斥的能量,不过它本质上仍然是执着。我们内在总有声音说"事情不该如此"或"事情应该是这样才对",当我们有意识地培育一种态度,即允许事物以它们本来的样子存在,就表明你认识到自己远比那些声音更大、更广阔。当你允许事物如其所是时,你就与存在的领域,即觉察或纯粹觉察本身相联结了。这样一来,你可以确认在那一刻,你不再只是你的想法的产物,不再被想法与人称代词的纠缠所局限。我们已经看到,就连思维和自我中心化,也能够被觉察所容纳。你不需要追逐它们，拒绝它们，也不一定要恐惧它们。它们不过是想法，是觉察的场域里发生的事件。觉察对它们的抱持会让我们从中解脱。我们无须成为无止境的、无法遏制的欲望的囚徒。当我们看见这一点，就可以放下渴求和恐惧，允许事物如其所是，我们就可以融入存在，具身体现这一了知。我们不再需要推开任何事物。

我们会逐渐认识到，这个选择可能是我们拥有的唯一合理、清醒和健康的路径。这一认识会立刻让我们解脱。我们越是放下，幸福感就越深。

放下的态度，允许事物以它们本来的样子存在的态度，不依附的态度，不是条件反射式的疏离或超脱，也不应与被动、解离的行为或脱离现实（即使非常细微）的尝试相混淆。它不是一种用来保护自我的病态退缩，也不是虚无主义。恰恰相反，它是一种心灵极致健康的状态，它意味着以一种新的方式拥抱全部现实。不过，如同正念和其他基础态度，放下也不是一种理想化的或特殊的状态。它是一种通过修习培育起来的生存方式。

也正如其他的基础品质一般，我们有大量机会来加以练习。

修
第5章
习

当心迷失，我们只是看到这一刻心在关注什么，然后温柔地把它带回觉察舞台的中心——静坐中的整个身体呼吸的感觉。这样的过程会重复一遍又一遍，因为注意力不断离开主要的觉察对象是心的本性，这绝不意味着你是一个"差劲"的修习者。

记住，心的本性就是起伏不定，就像海洋的本性就是会起波浪。你的挑战始终是如何安住于觉察之中。

从正式练习开始

当你开始正式练习，跟随练习引导语及其对你的注意力的引导时，你就开始了一刻接一刻地培育正念的过程。

你会发现，练习引导语将一遍又一遍地提醒你、鼓励你，在任意一个时刻，尽你所能，以非评判的态度关注你的体验，仔细辨认你的体验的不同组成部分。记住，最重要的永远是觉察！觉察是不同种类练习之间的公约数。你可以把不同的练习看作进入同一间房间的不同的门，而那个房间就是你自己的心灵。

参与正念课程和培育稳健的正念修习的最佳方式，是每天专门留出时间来修习至少一种正式练习。坚持练习，仿佛你的生命仰赖于此。至于是否真的如此，你只有在日复一日、经年累月的规律练习中去发现。修习其实不过是在你唯一拥有的时刻——这一刻，全然出席你的生活，因此请记住，无论你为腾出时间练习而暂时放弃了什么，与郑重地安住于你的生活所带来的益处相比，都黯然失色。因此，进行修习的方式，就是去做实验。

我建议你给自己至少6个月的时间，每天练习，不管你喜不喜欢，不管你想不想。虽然6个月听起来很长，但实际上它们是重新联结并滋养你的内在天赋的机会，在那些貌似紧急的个人约定、责任和未经审视的生活习惯制造的压力之下，这些天赋很容易被抛弃。如果这个计划对你有吸引力，那么，请为自己而练习，为你对生活的爱而练习，而不是为了"自我完善"或"成为更好的人"而练习。你不可能成为一个"更好"的人，因为你作为你自己已经是完美的，完美的你包含你所有的"不完美"。你本来就是完整的。不过，你还可以具身体现更多的完整性，比你所能想象的还要多；远远超越你的想法和思维习惯，远远超越那些控制你生活的狭隘、贪婪、使人入迷的叙事。

如果你能在家中安排专门的时间和位置来每天练习，就再好不过了：一段专属于你的、全心体验存在的时间。练习引导语通常不会很长，因此每次最好能允许自己全情投入，体验此时此刻超越时间的特性。无论你选择此刻进行什么样的练习〔把呼吸在身体上产生的感觉作为觉察对象，或者觉察整个身体、声音、想法或情绪，又或者安住于纯粹觉察（也称"无对象的觉察""无拣择的觉察""无法之法"等）〕，决定你对当下体验的开放程度的，是你修习的动力有多强。

无论你选择尝试哪一个练习，我建议你尽可能跟随引导，记住它们指向的是你内心世界里不断变化的元素。出于这个原因，你最好尽可能一刻接一刻地留心引导语正在指向哪里，以便直接、鲜活地体验那一刻注意力关注的对象，而不是心不在焉，像在听导游的解说。这个过程不是观光（sightseeing），而是真正地看见（seeing）；是倾听（hearing）到达你耳朵的声音，以及倾听声音底下或声音之间的静默；是感受身体；是保持觉察。

虽然在常见的练习引导语中，似乎有很多关于要

"做"（to do）的指示，但它们不是为了完成具体的任务，也不是要达到什么目标。它们是关于存在的。关于让自己投入此时此刻、投入你自己的体验，一次又一次，一天又一天，一刻又一刻，一年又一年。假以时日，修习将成为一种生活方式，你不会放弃它，就像你不会放弃每天刷牙，不会放弃陪伴你的孩子一样。修习甚至可以慢慢变得毫不费力。不过，我会给它充足的时间来扎根，也许需要至少数十年的时间。

当然，一旦你掌握了修习的基础，就可以时不时自己练习，不需要我的引导。

正式练习的4个简单建议

这里有一些帮助你开始修习的简单提示和应对修习初期常见困难的建议。

1. 姿势

在正式练习中，身体的姿态是非常重要的。采用一种具身体现觉醒的姿势会很有帮助，尤其在你觉得困的时候（这可能意味着不要躺着练习，虽然平躺本身也是培育正念和觉醒的很好的方式，身体扫描和其他练习都包括平躺的姿势）。如果在某一段练习的开始，你为自己设置的意图（intention）是"醒来"而不是"入睡"，那你也可以试验一下躺着练习会怎样。正式的练习还可以采用站立或行走的姿势，但通常来说体现觉醒的姿势是坐姿，脊背直立并放松，肩膀和手臂在胸腔旁边垂下，头部直立，下颌微收。你可以坐在有直立靠背的椅子上，也可以坐在地板的垫子上。尽你所能，让你的坐姿自然轻松地具身体现你的尊严和临在。

如果你选择坐在椅子上，试着让双脚不交叉地平放在地板上。如果可能的话（有时候是做不到的），让你的背部离开椅背，让脊柱从骨盆中抬升，支撑自己的身体。

如果你选择坐在地板的垫子上，你需要把膝盖垫高一点。在一张座布团（zabuton，一种缓冲垫）上放一个圆形修习坐垫（zafu）是个不错的选择。如果你选择坐在坐垫上，一定要选择适合你身体的高度。重点是，坐在坐垫的前1/3部位，让骨盆轻微斜向下，让腰部自然的脊柱前凸曲线同时稍微向前方和上方倾斜。你的膝盖也许能接触到地板（或垫子、座布团），也许接触不到，这取决于你的髋部的灵活度。舒适起见，如果你的膝盖不能放松地触到地板，你可能需要用额外的垫子来支撑膝盖。

你的腿怎么放都可以。你可以把双腿叠放至所谓的缅甸坐姿（Burmese posture），即让一条小腿搭放在另一条的前方。这是最容易的一种坐姿，最不容易导致你在久坐之后越来越不舒服。（不同坐姿的示意图可参见《多舛的生命》。）

手也可以有各种姿势。我通常把我的双手交叠放在大腿上，左手的手指放在右手的手指上方，左手的拇指也在右手拇指上方，或双手拇指的指尖碰触在一起。后面这个姿势（双手拇指尖相触，在其他手指上方形成一个椭圆形）就是所谓的"宇宙手印"（cosmic mudra）。还有很多其他手印，你可以自己尝试，比如把手放在膝盖上，手心朝下或朝上都可以。

请记住，手的姿势如何其实并不重要，重要的是，对手处于任何姿势的感觉有所觉察。你的手会与你的腿和后背一样，在修习和日常生活中，在你的身体范围内点亮自身，具身体现身体在不同姿势下的感官品质。

2. 眼睛怎么办

闭着眼睛可以觉察，睁开眼睛也可以觉察。因此，在修习时睁眼或闭眼都是可以的，各有各的独特优势，你可以二者都尝试一下。

如果你选择睁着眼睛静坐，最好可以让眼神虚焦，柔和地落在前方一两米远的地板上，或者落在面前的墙壁上（如一些禅修传统中的面墙禅坐）。眼神应静止、放松，不需要一直"盯"着什么东西看。修习的重点仍然是一刻接一刻地体验你选定的觉察对象（无论它是什么），安住于觉察中，只是同时保持眼睛睁开而已。

3. 困意

显然，如果你感到困倦，最好是睁着眼睛练习。如果你每天可以在相当清醒的时候来练习就更好。出于这个原因，可以在每天清晨练习，因为在一夜好眠之后可能比较清醒。如果在练习之前比较困，还可以在脸上泼点凉水，甚至洗个提神醒脑的凉水澡。保持清醒是很重要的，不然你可能也坚持不到阅读本书的这个部分，因此最好能给自己创造条件，让你尽可能完全"在场"。

显然，我们对某些情形几乎毫无掌控，例如对我们所在空间的环境噪声。不过，最重要的始终是你的注意力和觉察的品质，而不在于你的条件是否优越。当然在修习初期，如果能够减少困意、尽量减少环境中的干扰，会很有帮助。无论我们如何控制外界环境，我们的内在和外在世界仍然会有大量让人分心的事物，它们正好是我们要学习处理的功课。

4. 保护"这一次"

如果你为正式练习安排的时间段正好不易受到干扰，这是非常理想的。关掉你的手机、电脑和网络。关上房门，让他人知道，在这段时间不要打扰你。这是在清晨练习的另一个好理由，这时你还不需要响应他人的期望。你可以把这段时间完全用来体验存在，以修习无为、正念和正心来滋养自己。

正念进食

----------○ 练习提示 ○----------

由于当今社会肥胖流行，不健康和扭曲的饮食问题广泛存在，目前一个全新的心理学领域正在形成，它致力于培育对饮食和相关行为的正念觉察，包括食物选择、进食分量、进食速度、社会传统和压力、零食、与食物和进食相关的无意识、未经检视的想法和情绪等。

我建议你从正念进食开始，是因为这个小小的练习有可能向我们揭示我们没有在生活中好好体验的部分，它超越了进食本身。

在这个进食觉察练习中，我们把一颗葡萄干作为主要的觉察对象，以非同寻常的细致和比通常吃东西慢得多的速度，去体验它包含的感官世界，以及与这样一个小东西产生联系的我们的身体。葡萄干不光是我们的觉察对象，也是我们的修习老师，它向我们揭示我们与进食、与食物的关系，这些关系通常深藏于意识之下。

这个练习的挑战，同时也是它的美妙之处，就是单纯如实地与每一刻同在：体验看、闻、用手拿着葡萄干，用手指感受它，体验对吃到它的期待以及这种期待在身体和嘴巴里的体现，体验它进入嘴巴里以后身体产生的反应，体验缓慢有意识的咀嚼，一刻接一刻地品尝它，感受它随着时间变化形态，感受吞咽的冲动以及你对这种冲动的反应，体验整个过程中升起的想法和情绪，体验吞下它之后嘴里的余味。自始至终，修习的重点是成为"了知"本身，具身体现这了知，知晓每一刻体验的展开，安住于觉察之中，一刻接着一刻。

正念呼吸

○ 练习提示 ○

我们可以把放到葡萄干上的同样品质的关注，即此时此刻的、非评判的、非大脑皮层的、直接品味我们的体验的关注，放到吸气和呼气的身体感觉上。

在这个练习中，我们把除呼吸以外的一切都移到背景中，或者说移到觉察舞台的侧翼，而把呼吸的感觉放到觉察舞台的中心。我们把注意力放到呼吸在身体上感觉最明显生动的地方：可能放在鼻孔，感受空气进入和离开身体；或者放在小腹，感受腹壁在每一次吸气时轻轻地扩张，在每一次呼气时回落；或者放到任何一个你可以立刻体验到呼吸的感觉的地方。

"感受你的呼吸"与"思考你的呼吸",是非常不同的。我们更欢迎的是"感受呼吸"。尽我们所能,用觉察"驾驭"呼吸的波浪,感受它进入和离开身体,体验每一次完整的吸气和每一次完整的呼气。

当我们断开了对呼吸的关注(这是肯定会发生的)时,我们只需要留意,当"心"离开了呼吸的这一刻,是什么占据了它。然后,我们温和而坚定地,重新把注意力放回呼吸的感觉上,放回那个我们选定的可以感受呼吸的身体部位。每一次发现"心"离开了呼吸,我们就再来一次。我们尽可能不苛责自己的分心,不努力要求自己达到任何"完美境界",也不试图成为"好的修习者"或者"更好的修习者"。我们不试图成为任何人。我们只是不断觉察此时此刻展开的体验,不断把注意力放到这个简单但不容易的任务上来,感受此时此刻的呼吸,一刻又一刻,一次呼吸接着一次呼吸。

换句话说,我们只是让身体自己呼吸。请记住,这里最重要的不是呼吸本身,最重要的是觉察以及此时此刻体验的品质。当然呼吸是很重要的,但最重要的是正在培育的觉察本身。

如果每一天都花一点儿时间,安住于存在之中,全然觉醒,这可谓爱与慈悲的壮举!当然了,在一天中的任何时间,你都可以短暂地关注呼吸，这样做可以在生活中培育更多觉察，无论你正处于何种境况之中。

当有了更多觉察，在面对生活中的各种体验时，无论在工作中还是在家里，无论是与自己还是与他人相处时，你都会发现自己做出了不同的选择。

整个身体的正念

○ 练习提示 ○

在这个练习中，我们扩展觉察的范围，从呼吸扩展至全身，觉察此刻静坐中的、正在呼吸的整个身体。

无论你身体上不同部位的感觉是愉悦的、不愉悦的，是舒服的、不舒服的，还是中性、不易察觉的，试试看能否把所有的感觉都容纳在觉察里，一刻接着一刻，不需要做什么，特别是不需要努力追逐或推开任何东西。我们不是在努力放松，不是努力达到什么状态，当然也不是努力清空想法。我们只是安住于觉察之中，让一切如实存在。

当心迷失，我们只是看到这一刻心在关注什么，然后温柔地把它带回觉察舞台的中心——静坐中的整个身体呼吸的感觉。这样的过程会重复一遍又一遍，因为注意力不断离开主要的觉察对象是心的本性，这绝不意味着你是一个"差劲"的修习者。

记住，心的本性就是起伏不定，就像海洋的本性就是会起波浪。你的挑战始终是如何安住于觉察之中。

声音、想法和情绪的正念

练习提示

正如我们可以留意葡萄干在嘴里的感觉、呼吸在身体上的感觉、整个身体呼吸的感觉，我们也可以有意识地留意来到我们耳边的东西——声音，以及声音与声音之间的空隙。

这个练习的挑战，是单纯去听可以听到的声音，而不需要四处搜寻声音，或把某些更好听的声音看得比其他声音更重要。我们只是允许声音来到门口，然后让它们进来。我们全然投入声音的场域，留意可以听到的任何东西，包括声音，也包括声音之间的空隙，包括所有声音之内和之下的寂静。同样，真正重要的是觉察，而不是声音，不是关于声音来自哪里的想法，也不是你对声音的喜好或你对某些声音的情绪反应。这个练习的挑战是安住于觉察之中，如实地倾听，一刻接着一刻。

接下来，练习引导将转向对想法和情绪的关注，方式与对声音的关注完全一样，即把它们看作觉察场域里发生的事件。

想法可以携带任何内容或所谓情绪效价（emotional valence）㊀。想法可以是关于过去的，也可以是关于未来的，甚至可以是"为什么在应该觉察想法的时候反而找不到想法了"（当然，这本身也是一个想法）。重点是不要去寻找想法，而是成为"想法的镜子"（thought mirror），只是允许想法在觉察里呈现：升起，停留，消逝……允许觉察抱持一切，无论出现何种想法和情绪，尽你所能，不把它们太当回事，把想法仅仅当作内在的声音或天气。

当然，在我们通过正式练习培育起对想法和情绪的觉察之后，我们就能在一天之中随时进行这样的觉察，可以在任何地方、任何时间、任何情况下进行。

对想法和情绪的正念可以非常困难，因为我们很容易被想法和情绪的内容吸引，然后被想法的洪流卷走。不过，它也并不比其他练习更困难。只要你记住，不要把想法的内容、内在叙事和对话太当回事，并且提醒自己，自始至终最重要的只有觉察本身。我们

㊀ 情绪效价是心理学术语，指情绪所含有的积极或消极色彩。——译者注

不需要试图改变想法，或用一些想法替换另一些想法，或压制想法（认为"不应该这样想"），又或回避想法。相反，我们要给想法铺上欢迎毯，意识到想法只是想法，情绪只是情绪——无论它们的内容和情绪能量是什么。

对想法和情绪的觉察，与对身体感觉和声音的觉察并无二致。当我们安住于觉察之中，就在当下拥有了自由，一切都可以如实存在，无须与现实有任何不同。通过觉察，我们的整个心灵领域都得到了转化，无须再把任何框架强加于我们的体验。相反，我们的自我理解会自然增长，我们与自己的体验（包括内在和外在的任何体验）的关系也随之改善。我们对心智与心灵的实际状况更加友善，并且学习安住于一种从未有过的、泰然自若的寂静之中，而这寂静实际上是我们作为人类的本性。

随着这亲密的发展和正念的培育，疗愈和转化会自然发生。

纯粹觉察的正念

练习提示

在这个练习中，我们将练习安住于觉察本身，不选择任何特定的觉察对象。

这里说的觉察，和前面在其他正式练习中对不同体验的觉察完全一样。这个练习有时候被称为"无对象的觉察""无拣择的觉察"或"开放的临在"等，它对注意力关注的对象完全不做任何设定。即使在注意力确实在关注着具体对象时，也仍然没有任何计划可言，而仅仅是通过不同的感官之门去了知罢了。（我们之前已经讨论过，感官不止五种。）

我们已经知道，觉察可以抱持一切。觉察就像空间，本身并不占据任何位置，因此觉察能够容纳想法、感受和身体感觉，无论它们是否令人痛苦或焦虑。从觉察的角度来看，这些都无关紧要。就像母亲对孩子，无论孩子做了什么、有什么体验、害怕什么，母亲依然以无条件的爱和接纳来抱持孩子。即使孩子感到痛苦，母亲也以全然的慈爱来支持孩子。这抱持本身就是安抚和疗愈。

在某种意义上，这个练习不仅具身体现了当下，也具身体现了无限，因为"静"本身是无限的，"定"是持久安然的。觉察不需要你做任何事，也不需要让什么事情发生。觉察只是看见，只是了知。在借助感官看见和了知此刻升起的任何现象的过程中，在接触到觉察中的任何想法之时，这些心理现象（arisings in the mind）（无论是想法、情绪还是身体感觉）都会自我解放并自行消散。只要我们不继续喂养它们，它们就不会引起别的现象，也就不会成为我们的阻碍或牵制。

因此,我们仅仅是(虽然并不容易)带着慈悲(同样不总是容易),尽可能地抱持、识别和了知觉察范围内的所有现象。你不需要做任何事,这里不需要行动,仅仅是安憩于无拣择的觉察、开放的临在之中,一刻接着一刻……如果你的心迷失了、被想法卷走了(这是一定会发生的),只需一次又一次重新建立觉察,并且这毫无问题。实际上,心的活动本身有其美妙之处,前提是牢记:我们不被它们定义,也无须受它们牵制,心的内容根本不是个人的。

无拣择的觉察练习和所有其他练习一样,是邀请你自己进入接纳、空旷、广阔、了知的觉察的机会。它邀请你安住于觉察之中,安住于我们称作"当下"的超越时间的一刻,在这个存在的另一维度,在这里被世界触碰,在这里触碰世界,触碰他人的喜悦和痛苦,在这里回到我们的(全部)感官,觉醒,了知我们存在的本质。

致谢

我深深地感谢我的妻子 Myla，感谢她敏锐、犀利的编辑建议，感谢她一贯洞察一切的眼睛和心灵。

感谢两位朋友和佛学师兄弟：剑桥内观中心的 Larry Rosenberg 贡献了"自我中心化"（selfing）一词，意大利罗马正念禅修协会 (A.Me.Co) 的 Corrado Pensa 贡献了"温情的注意"（affectionate attention）一词。

我受惠于一位杰出科学家看待佛学的视角，并借用了其"望远镜"、在视物前需要先稳定和校准的比喻。

感谢 Tami Simon——真音公司的创始人和总裁，感谢她提出的从原版音频节目中整理内容来出书的建议，以及她的耐心、善意和深厚的友谊。

感谢真音公司的 Haven Iverson 娴熟地帮助本书完成多次编辑，感谢 Laurel Kallenbach 对书稿细致全面的文字润色。

后记

当我们学习如何稳定地运用注意力，如何让觉察范围内的对象变得更清晰（即看得更清楚、更透彻）时，我们实际上是在学习如何安住于我们本就拥有的觉察里。觉察的能力可以时刻陪伴我们，穿越生命之旅的风风雨雨。我们每一个人都能学会如何依赖觉察，依赖正念的力量，认真过好我们的生活，仿佛每一刻都无比重要。这是我从一开始就不断强调的，而你也将透过持续修习发现，这真的无比重要。

我们常常习惯性地以渺小、充满局限性的方式不停地思考自己，并且不断与想法、情绪的内容和基于个人喜好建构的自我叙事相认同。这是我们的默认模式。正念的力量能够支持我们审视这些自我认同及其后果，支持我们审视我们采用的观点和视角（我们常常反射式地、自动化地采用这些观点与视角，并以为这些东西就等同于自我）。正念的力量在于以不同的、更宽广的方式关注生命一刻接一刻展开的真相,让我们从"失念"到正念。

最后,正念的疗愈和转化的力量,在于留心我们自身存在中的奇迹与美丽,在于每时每刻与生命相遇,在于用觉察和深深的善意来抱持生命,扩展存在、了知和行动的可能性。

因此,当你持续在生活中培育正念时,愿你如纳瓦霍人(Navajo)⊖的祝祷所说:"漫步美境。"

愿你意识到你已经在这样做了。

⊖ 美国最大的印第安部落。——译者注

正念冥想

《正念:此刻是一枝花》
作者:[美] 乔恩·卡巴金 译者:王俊兰

本书是乔恩·卡巴金博士在科学研究多年后,对一般大众介绍如何在日常生活中运用正念,作为自我疗愈的方法和原则,深入浅出,真挚感人。本书对所有想重拾生命瞬息的人士、欲解除生活高压紧张的读者,皆深具参考价值。

《多舛的生命:正念疗愈帮你抚平压力、疼痛和创伤(原书第2版)》
作者:[美] 乔恩·卡巴金 译者:童慧琦 高旭滨

本书是正念减压疗法创始人乔恩·卡巴金的经典著作。它详细阐述了八周正念减压课程的方方面面及其在健保、医学、心理学、神经科学等领域中的应用。正念既可以作为一种正式的心身练习,也可以作为一种觉醒的生活之道,让我们可以持续一生地学习、成长、疗愈和转化。

《穿越抑郁的正念之道》
作者:[美] 马克·威廉姆斯 等 译者:童慧琦 张娜

正念认知疗法,融合了东方禅修冥想传统和现代认知疗法的精髓,不但简单易行,适合自助,而且其改善抑郁情绪的有效性也获得了科学证明。它不但是一种有效应对负面事件和情绪的全新方法,也会改变你看待眼前世界的方式,彻底焕新你的精神状态和生活面貌。

《十分钟冥想》
作者:[英] 安迪·普迪科姆 译者:王俊兰 王彦又

比尔·盖茨的冥想入门书;《原则》作者瑞·达利欧推崇冥想;远读重洋孙思远、正念老师清流共同推荐;苹果、谷歌、英特尔均为员工提供冥想课程。

《五音静心:音乐正念帮你摆脱心理困扰》
作者:武麟

本书的音乐正念静心练习都是基于碎片化时间的练习,你可以随时随地进行。另外,本书特别附赠作者新近创作的"静心系列"专辑,以辅助读者进行静心练习。

更多>>> 《正念癌症康复》作者:[美] 琳达·卡尔森 迈克尔·斯佩卡